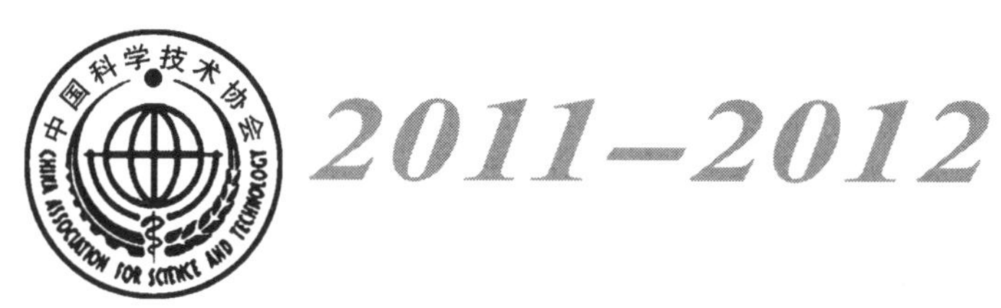

有色金属冶金工程技术

学科发展报告

REPORT ON ADVANCES IN NONFERROUS METALLURGICAL ENGINEERING AND TECHNOLOGY

中国科学技术协会　主编
中国有色金属学会　编著

中国科学技术出版社
·北　京·

图书在版编目(CIP)数据

2011—2012有色金属冶金工程技术学科发展报告/中国科学技术协会主编;中国有色金属学会编著. —北京:中国科学技术出版社,2012.4

(中国科协学科发展研究系列报告)

ISBN 978-7-5046-6034-3

Ⅰ.①2… Ⅱ.①中… ②中… Ⅲ.①有色金属冶金-技术发展-研究报告-中国-2011—2012 Ⅳ.①TF8-12

中国版本图书馆CIP数据核字(2012)第042212号

选题策划 许 英
责任编辑 李惠兴
封面设计 中文天地
责任校对 王勤杰
责任印制 王 沛

出　　版 中国科学技术出版社
发　　行 科学普及出版社发行部
地　　址 北京市海淀区中关村南大街16号
邮　　编 100081
发行电话 010-62173865
传　　真 010-62179148
网　　址 http://www.cspbooks.com.cn

开　　本 787mm×1092mm 1/16
字　　数 236千字
印　　张 10.25
印　　数 1—2500册
版　　次 2012年4月第1版
印　　次 2012年4月第1次印刷
印　　刷 北京凯鑫彩色印刷有限公司

书　　号 ISBN 978-7-5046-6034-3/TF·24
定　　价 31.00元

2011—2012
有色金属冶金工程技术学科发展报告

REPORT ON ADVANCES IN NONFERROUS METALLURGICAL ENGINEERING AND TECHNOLOGY

首席科学家 邱定蕃

专　家　组

组　长　钮因健

副组长　张洪国　赵国权

成　员　（按姓氏笔画排序）

马育新　王永录　王向东　王忠实

王建铭　朱永安　李　劼　李明阳

陈少纯　周国宝　顾松青　黄小卫

黄其兴　黄其兴　韩　薇　褚幼义

熊炳昆

学术秘书 杨焕文　周景琦　崔雅秋

序

科学技术作为人类智慧的结晶，不仅推动经济社会发展，而且不断丰富和发展科学文化，形成了以科学精神为精髓的人类社会的共同信念、价值标准和行为规范。学科的构建、调整和发展，也与其内在的学科文化的形成、整合、体制化过程密切相关。优秀的学科文化是学科成熟的标志，影响着学科发展的趋势和学科前沿的演进，是学科核心竞争力的重要内容。中国科协自 2006 年以来，坚持持续推进学科建设，力求在总结学科发展成果、研究学科发展规律、预测学科发展趋势的基础上，探究学科发展的文化特征，以此强化推动新兴学科萌芽、促进优势学科发展的内在动力，推进学科交叉、融合与渗透，培育学科新的生长点，提升原始创新能力。

截至 2010 年，有 87 个全国学会参与了学科发展系列研究，编写出版了学科发展系列报告 131 卷，并且每年定期发布。各相关学科的研究成果、趋势分析及其中蕴涵的鲜明学术风格、学科文化，越来越显现出重要的社会影响力和学术价值，受到科技界、学术团体和政府部门的高度重视以及国外主要学术机构和团体的关注，并成为科技政策和规划制定学术研究课题立项、技术创新与应用以及跨学科研究的重要参考资料和国内外知名图书馆的馆藏资料。

2011 年，中国科协继续组织中国空间科学学会等 23 个全国学会分别对空间科学、地理学(人文-经济地理学)、昆虫学、生态学、环境科学技术、资源科学、仪器科学与技术、标准化科学技术、计算机科学与技术、测绘科学与技术、有色金属冶金工程技术、材料腐蚀、水产学、园艺学、作物学、中医药学、生物医学工程、针灸学、公共卫生与预防医学、技术经济学、图书馆学、色彩学、国土经济学等学科进行学科发展研究，完成 23 卷学科发展系列报告以及 1 卷学科发展综合报告，共计近 800 万字。

参与本次研究发布的，既有历史长久的基础学科，也有新兴的交叉学科和紧密结合经济社会建设的应用技术学科。学科发展系列报告的内容既有学术理论探索创新的最新总结，也有产学研结合的突出成果；既有基础领域的研究进展，也有应用领域的开发进展，内容丰富，分析透彻，研究深入，成果显著。

参与本次学科发展研究和报告编写的诸多专家学者，在完成繁重的科研项目、教学任务的同时，投入大量精力，汇集资料，潜心研究，群策群力，精雕细琢，体现出高度的使命感、责任感和无私奉献的精神。在本次学科发展报告付梓之际，我衷心地感谢所有为学科发展研究和报告编写奉献智慧的专家学者及工作人员，正是你们辛勤的工作才有呈现给读者的丰硕研究成果。同时我也期待，随着时间的久远，这些研究成果愈来愈能够显露出时代的价值，成为我国科技发展和学科建设中的重要参考依据。

2012年3月

前　言

有色金属冶金工程技术学科是工程技术学科中重要的学科，也是有色金属工业、其他众多的工业、高新技术产业以及国防军工发展的基础学科。近年来，依靠科技进步，我国有色金属工业蓬勃发展，10 种常用有色金属产量已连续 10 年位居世界首位，我国已成为世界有色金属生产和消费大国。我国有色金属工业是在有色金属冶金工程技术学科取得重大进展的基础上发展起来的。近年来，为了迅速提高我国有色金属冶金技术水平，广大科技人员在自主研发的同时，积极学习国外先进经验，在主要生产环节上引进国外先进技术和设备，通过自主创新、集成创新和引进消化再创新，使我国有色金属冶金工程技术学科取得了重大进展。目前，我国有色金属冶金技术水平已登上世界先进行列，许多冶金技术和设备已出口到国外，我国已从技术设备进口国转变成为出口国。

本研究报告是中国有色金属学会根据中国科学技术协会专项开展的“学科发展进展与发布活动”的精神和要求组织编写的。在中国科协的指导下，在以中国有色金属学会副理事长兼秘书长钮因健教授任组长、中国工程院邱定蕃院士为首席科学家的编写小组的 20 多位专家学者的共同努力下，历经两年，集思广益，几易其稿，终于完成了本报告的编写。这是集体智慧的结晶。报告的重点放在近五年来有色金属冶金工程技术学科取得的重大进展、存在问题和未来的发展战略。报告分两大部分：第一部分是综合报告：有色金属冶金工程技术学科发展现状和前景。综合阐述了我国有色金属冶金工程技术学科发展的现状和取得的成就，并通过国内外有色金属冶金技术发展的分析对比，提出了我国有色金属冶金学科发展的方向和重点。第二部分是专题报告。有色金属是 64 种金属元素的总称，它们各自具有特殊的优异性能，被广泛应用于经济和社会发展的各个领域。根据它们的特性，将 64 种有色金属冶金分为轻金属、重金属、稀有金属和贵金属冶金四个专题，分别论述了近年来的发展现状和趋势。

由于有色金属包含 64 种金属元素，涉及的冶金方法和相关的理论领域相当广泛，加之近年来我国有色金属冶金工程技术水平飞速提高，取得进展的内容非常丰富，尽管撰稿人员力求选材客观、公正，但是受掌握资料、特别是知识水平和时间所限，本报告可能难免有挂一漏万、不当之处，敬请广大读者指正。

本报告是在中国有色金属学会的领导和中国科协的资助和指导下完成的。在本项目的研究中得到了中国科协领导的支持与关怀，特别是学会部黄珏同志的热情指导，在此表示衷心的感谢！在报告编写过程中，得到了有色金属及相关行业的科研院所、大专院校、工矿企业的大力支持和帮助，广大有色金属冶金专家和技术人员积极参与，在此一并表示衷心的感谢！

中国有色金属学会
2011 年 1 月

目　录

序 …………………………………………………………………………………… 韩启德
前言 …………………………………………………………………………… 中国有色金属学会

综合报告

有色金属冶金工程技术学科发展现状和前景 ………………………………………… (3)
一、引言 ………………………………………………………………………… (3)
二、我国有色金属冶金工程技术学科发展现状及进展 ………………………… (4)
三、有色金属冶金工程技术学科国内外比较分析 ……………………………… (20)
四、学科发展趋势及展望 ………………………………………………………… (23)

专题报告

重有色金属冶金工程技术学科研究进展 ………………………………………… (27)
轻金属冶炼分学科研究进展 …………………………………………………… (58)
稀有金属冶金工程技术学科研究进展 ………………………………………… (80)
贵金属冶金工程技术学科研究进展 …………………………………………… (114)

ABSTRACTS IN ENGLISH

Comprehensive Report

Advances in Nonferrous Metallurgical Engineering and Technology …………… (131)

Reports on Special Topics

Advances in Heavy Nonferrous Metal ……………………………………… (144)
Advances in Light Metal ………………………………………………… (147)
Advances in Rare Metal ………………………………………………… (149)
Advances in Precious Metal ……………………………………………… (152)

综合报告

有色金属冶金工程技术学科发展现状和前景

一、引言

有色金属冶金工程技术学科是工程技术学科中重要的学科，也是有色金属工业、其他众多工业、高新技术产业以及国防军工发展的基础学科。

有色金属是64种金属元素的总称，它们各自具有特殊的优异性能，被广泛应用于经济和社会发展的各个领域。64种有色金属根据它们的特性，被分为轻金属、重金属、稀有金属和贵金属四大类。在这四类金属中的各单个金属元素之间，在金属冶炼、合金和化合物以及应用方面都具有一定的共性，因此有色金属冶金工程学科就由轻金属冶金、重有色金属冶金、稀有金属冶金和贵金属冶金这四类相应的学科组成。

21世纪以来我国有色金属工业发展迅速，10种常用有色金属产量已经从2000年的783.81万t发展到2010年的3135万t，连续9年位居世界第一，我国已从有色金属资源大国发展成为世界有色金属生产大国。科学技术是生产发展的基础，近10年来有色金属科学技术的不断创新有力支撑了生产的快速发展。有色金属冶金工程技术学科，在冶金过程基础理论和生产技术、金属合金材料科学及应用技术、冶金设备和自动化、冶金环境保护和治理、现代工程化理念和先进设计等各方面都取得了重大进展，开发并创新出一批领先于国际或达到国际先进水平的、具有我国自主知识产权的新技术、新工艺、新设备和新材料，冶金的各项主要技术经济指标也已接近、达到或超过国际先进水平，节能减排效果明显。科技的重大进步促进了有色金属工业向科学的可持续发展的方向迈进。

我国有色金属工业技术发展是一个从量变到质变的过程。20世纪50年代是量变的积累，21世纪进入了质变新阶段。铝电解工业技术的突飞猛进是质变的标志。21世纪以来，在世界上率先淘汰了落后的自焙阳极铝电解槽技术，开发应用了先进的预焙阳极铝电解技术，特别是近年来开发成功世界最大容量400kA的电解槽技术并实现了多条系列的规模化生产，更大容量的500kA电解槽技术也已成系列地投入工业运行。近几年研究成功的新型结构电解槽等技术已大规模应用于铝电解生产，吨铝节电达到1000kW·h左右，占领了当今世界铝电解工业节能技术的制高点。

近年来重有色金属冶炼技术也得到重大发展，我国自主研究开发的氧气底吹炼铅技术全面推广应用及近两年进一步研究成功的双底吹连续熔炼和底吹侧吹连续熔炼技术使我国炼铅技术达到了国际领先水平。21世纪以来，铜冶炼技术在自主创新了闪速炉技术和奥斯曼特(艾萨)炉技术的基础上又开发成功了双闪速炉和双奥斯曼特炉技术，特别是2010年刚研发成功的底吹炼铜技术使我国的铜冶炼技术代表了国际先进水平；自主研究的氧气加压浸出技术和大极板电解技术等的成功和应用，使我国锌冶炼技术达到了国际先进水平。

在稀有金属冶金、贵金属冶金和新材料研究方面，近年来也取得了一系列具有国际先进水平的科技成果，新研发的一批高技术高性能材料支撑了我国航空航天、电子信息、新兴能源、交通运输等高新技术的发展，为国民经济和国防军工建设作出了贡献。

目前，尽管主要有色金属的冶金技术已经达到国际先进水平，但是在有色金属技术发展的整体水平上与国际先进尚有一定差距，在某些方面差距更大。与其他原材料工业一样，我国有色金属工业的发展也受到资源、能源和环境三大瓶颈的制约。常用有色金属铝、铜、铅、锌、镍等资源匮乏且质量差，有色金属冶金的高能耗属性和矿物加工的属性使有色金属工业成为高能耗行业和污染产生的源头。因此提高资源利用率和资源综合回收、高效节能降耗以及深度减排和环境保护是有色金属工业得以可持续发展的关键所在。提高解决这些关键问题的技术水平，提高有色金属行业在国际上的竞争能力正是有色金属冶金工程技术学科今后科学研究和技术开发的主要任务。我们必须继续努力，用科技创新的精神，研究开发出更多能代表国际水平的新技术、新工艺、新装备和新产品，以使我国从有色金属工业生产大国发展成为名副其实的世界有色金属工业强国。

本综合篇将就有色金属冶金工程学科新世纪以来发展和取得的成绩、与国际先进水平的对比以及未来发展目标和任务、问题和对策进行论述。

二、我国有色金属冶金工程技术学科发展现状及进展

(一)轻金属冶金工程技术学科

1. 铝电解

铝是仅次于钢铁的第二大金属，是重要的基础原材料，广泛应用于建筑、交通、电力、轻工、国防等各领域。冰晶石—氧化铝熔盐电解法一直是原铝生产的唯一方法。中国电解铝工业发展迅猛，自 2001 年以来原铝产量已连续 10 年位居世界第一。2010 年我国原铝产量已达 1619 万 t，为世界总产量的 40.1%。2010 年我国原铝消费量 1650 万 t，为全球消费总量的 41.5%，中国已成为全球最大、最具活力的铝消费市场，亦是推动世界铝工业发展的重要力量。

我国铝电解工业快速发展的基础是科技进步。自 20 世纪 90 年代自主研究开发成功 280kA 大型预焙阳极电解槽技术以后，我国又进一步深入研究了铝电解槽电场、磁场和热场等物理场方面的理论和计算模拟技术，有力地推动了大型预焙阳极电解槽技术的蓬勃发展，槽型等级不断提高，从 280kA、300kA、320kA、350kA、400kA 到 500kA，形成了中国品牌的大型预焙阳极铝电解槽的系列设计和制造技术，开发了相应的系列产品，实现了大规模产业化。与此同时，相配套的大型阴、阳极及铝用碳素技术、生产辅助设备、自动控制以及环境保护技术等方面的研究也同样取得了迅速的发展，取得了诸如优质炭阳极生产关键技术、先进节能的石油焦煅烧技术、炭阳极开槽技术、高石墨质及石墨化阴极生产技术、大规格阴极和阳极的先进制造技术、大型铝电解槽系列不停电停开槽技术、电解槽异地维修和搬运技术、铝电解槽先进控制技术和网络管理技术、适合电解槽大型化的输变电和整流机组、烟气治理及含氟量测试技术、废电解槽内衬材料的无害化处理和利用等一系列研究成果，有力地促进了铝电解大型化技术的不断升级以及节能降耗和环境保护

水平的不断提高。我国已于2004年全部淘汰了落后的小型自焙槽，并且还将于2011年全部淘汰160kA以下的小型预焙槽，从而成为世界上唯一全面应用高效、清洁大型预焙槽技术生产铝的国家。

近年来，我国铝电解节能技术和相关理论研究方面取得了领先于国际水平的重大创新。中国铝业公司、东北大学等单位通过对电解槽阴极和内衬结构、能量平衡以及极距、槽电压和电流效率之间关系的深入研究，创新发明了改变阴极和内衬结构—降低铝液波动和水平电流—降低极距和槽电压—降低电耗的新型导流结构电解槽和异型阴极结构电解槽技术，实现大规模、整系列铝电解生产应用，实现了槽电压降低0.3V以上、吨铝直流电耗降低1000kW·h左右的重大节能成果，成为当代世界铝电解节能技术的里程碑式的创举。目前该类技术已在国内铝电解企业全面推广应用。中南大学研究的"五低、三窄、一高"电解槽控制技术也有效地降低了槽电压和电耗，取得了重大的节电效果，并在推广应用中。以上这些技术的开发成功使我国铝电解工业在节能方面达到了国际领先水平。近年来，我国在铝再生循环利用方面也取得了较大进步，产业已向规模化、现代化、集约化方向发展，再生铝产量已达到原铝产量的四分之一，整体装备技术、综合利用水平也有了很大提高。

2. 氧化铝

氧化铝是铝电解生产的主要原料，也是化工、轻工、电子、电力等工业的重要原材料。我国氧化铝工业随着铝电解工业的快速发展而相应发展。2010年产量已达到2895.5万t，已连续5年位居世界第一。

我国氧化铝工业的铝土矿资源与国外不同，主要是碱难溶且含硅高的一水硬铝石铝土矿，因此难于应用国外氧化铝工业通常采用的低能耗的拜耳法进行生产，而不得不大量采用高能耗的烧结法以及中国自行改进的拜耳—烧结混联法工艺。

多年来，为了提高氧化铝工业生产技术水平，降低能耗、物耗和生产成本，我国氧化铝科技工作者针对一水硬铝石原料生产氧化铝出现的各种技术难题，开展了长期持之以恒的研究，攻克了一大批重大技术关键，取得了丰硕的自主创新技术成果，创新开发出一系列处理中低品位一水硬铝石矿的新流程、新工艺和新装备。如选矿拜耳法技术、石灰拜耳法技术、富矿（强化）烧结技术、一水硬铝石矿间接加热、强化溶出技术、一水硬铝石矿生产砂状氧化铝技术、提高拜耳法循环效率及后加矿增浓技术、烧结法粗液与拜耳法溶出液合流技术、多种强化氧化铝生产过程的化学添加剂；同时，引进消化、自主创新和集成开发了一大批适合于高硅一水硬铝石矿生产氧化铝的大型高效节能工艺装备，如气态悬浮氢氧化铝焙烧炉、高效沉降槽系统、多效逆流降膜蒸发器、大型高压隔膜泵及节能离心输送泵、大型机械搅拌分解槽、大型高效液固分离设备。我国在氧化铝节能和清洁生产以及环境保护方面也已取得了重要成就，如开发成功废蒸汽和烟气余热的充分回收利用技术、高铁赤泥选铁综合利用技术、赤泥筑坝和干法堆存技术、氧化铝厂废水零排放技术等。我国氧化铝工业借助于独特的生产工艺，嫁接开发了镓、钒等稀有金属及一大批化学品氧化铝的生产技术，增加了产品品种、提高了产品附加值。

由于上述一系列技术成就，我国形成了一套世界上独一无二的完整的中低品位一水硬铝石矿生产氧化铝的工艺流程和生产体系，在氧化铝回收率、碱耗等重要技术指标方面达到国际先进水平，在能耗方面也已大大缩小与国外三水铝石矿拜耳法生产的差距，明显提高了企业的竞争力、经济效益和环境保护水平。

近年来，我国氧化铝科技界正在开展若干重大的前瞻性研究，并取得了一些重要的阶段性成果，如最新研究成功的拜耳法—赤泥湿法处理的湿法串联技术已完成工业试验、正在进行低品位铝土矿干法烧结节能新工艺研究。如果这些研究最终取得成功用于生产，将进一步提高我国氧化铝工业的整体技术水平以及抗御资源、能源短缺风险的能力，实现节能减排的可持续发展。

3. 镁冶金

镁是比铝还轻的金属，近年来在结构材料方面的应用越来越广，特别是交通运输和电子工业的用量与日俱增，促进了镁生产的快速发展，使其成为产量仅次于铝、铜、铅、锌有色金属的第五大金属。我国镁资源丰富，由于在技术上成功应用了低成本的热还原法——皮江法工艺，产品迅速占领国际市场，产量剧增，2010 年达到 65.4 万 t，已经连续 11 年位居世界第一。

近年来，我国镁冶金工程技术学科发展迅速。首先是有效提高了皮江法的生产技术水平，通过调整能源结构——以气代煤、改进设备结构——用节能环保型的燃气可控竖窑和带竖式预热器、竖式冷凝器的回转窑代替落后的混烧竖窑和平窑，设置储能装置回收烟气或固体物料的余热，有效降低了能耗和对环境的污染，提高了生产效率和产品质量；其次是镁应用研究发展迅速，研究水平不断提高，镁制品表面处理技术和镁压铸、压延设备技术的提高，使镁的应用领域进一步扩大。研究成功的高强高韧镁合金、轮毂专用镁合金、自行车专用镁合金等已经成功用于汽车、自行车和其他运输工具，镁合金在电子、电器设备外壳和手提电动工具等方面的应用也日益广泛，在新型轨道交通和航空航天器和战术武器轻量化方面的应用已得到了新的发展。第三是改进了电解法炼镁技术，新的更高效环保的炼镁新技术已在试验研究中。

（二）重有色金属冶金工程技术学科

1. 铜冶金

我国是世界上最大的铜消费国，也是世界上最大的产铜国。2010 年消耗铜 560 万 t，年产精铜 457.3 万 t，但是自产精矿的比例低，大部分依靠进口精矿冶炼。

多年来我国铜的生产技术是在自主研究加不断引进国外先进技术装备并不断进行消化创新的基础上快速发展起来的。目前，世界上各种炼铜工艺大部分在我国都有使用。传统的炼铜方法，密闭鼓风炉熔炼、反射炉熔炼和电炉熔炼已逐渐被淘汰。近年来，我国铜工业的自主创新水平提高很快，具有我国自主知识产权的新的炼铜工艺不断涌现。新的炼铜工艺共同的特点是氧气强化熔炼，其效果是反应速度快，生产能力大，燃料消耗少，烟气量少且 SO_2 浓度高，有利于烟气制硫酸，硫的利用率高，SO_2 排放少，节能减排效果明显。新的炼铜工艺分闪速熔炼和熔池熔炼两大类。闪速熔炼自 1985 年我国贵溪冶炼厂引进后，经消化创新，该闪速熔炼炉产能目前已从引进初期的年产 9 万 t 铜改造扩大到年产 30 万 t 铜，而且在炉内结构和辅助设施等方面已形成了一批具有我国自主知识产权的专利。2007年山东祥光铜业公司引进了闪速熔炼和闪速吹炼技术，即双闪工艺，并在引进建设过程中进行了自主创新，投产后的各项技术经济指标均优于引进的指标，并申报了具有我国知识产权的新专利。富氧顶吹熔池熔炼技术在我国应用已比较广泛，现在共有7座熔炼炉在有关企业生产，还在2座在建设中。2002年云南冶炼厂引进了艾萨型的氧气顶吹熔炼炉，投产后各项技术经济指标均优于引进指标。中条山有色金属公司在本世纪初从澳大利亚引进了奥斯麦特型的氧气顶吹熔炼炉和吹炼炉，即双奥斯麦特炉。最近，一座全部由我国自行设计、制造设备的艾萨型氧气顶吹熔炼炉即将在四川会理投产。具有我国自主知识产权的氧气底吹连续炼铜技术于2009年在东营方园有色金属公司投产，现在年产铜达到10万t。该项技术对原料适应性强、能耗低、环保好，贵金属回收效率高，整体技术已经超越了国际先进水平。铜电解精炼技术，近年来也有很大发展，特别是艾萨法(即永久阴极法)电解技术装备的引进、创新和推广，有力地推动了铜电解精炼的技术进步；堆浸湿法炼铜具有生产成本低，环境好，可利用低品位铜矿资源的特点，世界主要产铜国如智利有大规模生产，我国近几年有很大的发展，已建成年产万吨级堆浸冶炼厂，技术已接近国际水平。近年来铜冶炼企业的综合利用和环境治理技术水平有很大提高，综合利用的经济效益在企业总效益中的比重逐年提高。我国废杂铜回收水平不断提高，目前从废杂铜中回收的量已达到铜总产量的30%，回收技术也正在提高中。

2. 铅冶金

随着我国汽车等工业的高速发展，铅的用量剧增，2010年我国铅产量为419.9万t，已连续9年位居世界第一。21世纪以来，我国炼铅技术进步很快，由于具有自主知识产权的氧气底吹—鼓风炉还原新工艺的研究成功和应用推广，以及国外先进的富氧顶吹—鼓风炉还原技术的引进和成功投产，显著提高了我国炼铅技术的水平，从而使落后的烧结锅冶炼技术逐步退出生产，有效地提高了生产效率和减轻了环境污染。近年来，又针对氧气底吹—鼓风炉还原工艺进一步节能减排开展了新的研究，2008年和2009年相继研究成功了技术更先进的氧气底吹炉吹炼—液态高铅渣底吹炉还原和氧气底吹吹炼—液态高铅渣侧吹炉还原两种相似的连续冶炼新工艺，新工艺由于取消了底吹炉渣冷却—磨碎—再入炉还原的耗能和污染环节，实现了底吹炉热渣直接入还原炉连续生产，从而达到大幅节能和显著减排的目的，能耗从原有的340kg标煤/t降到230kg标煤/t，气体排放达到国家标准。目前正在试验的炼铅新工艺还有铅富氧闪速熔炼工艺等。废蓄电池等二次铅金属回收，也由于新工艺的应用而提高了回收效率和环保水平。

粗铅电解精炼是一个很成熟的电化学冶金过程，旨在获得纯度高的工业用铅，同时还可以充分回收粗铅中的有价金属(铜、锑、铋等)和贵金属(金、银等)。多年来，我国铅电解精炼工艺的变化不大，但在设备大型化、机械化和自动化方面取得了很大的进步，如引进了先进的立模浇铸型阳极铸型机组、DM机组、阴极制造机组、阴阳极自动排距机组及导电棒研磨机等，并在引进设备的基础上创新。还有通过增大圆盘铸型机组的圆盘直径来增大阳极板尺寸，同时改造现有的整平机构，实现了大极板电解，铅电解直流电耗已经降低10%左右，达到了110～120kW·h/(t·铅)。

铅烟污染是我国铅电解工业普遍存在的环保问题。“铅烟”主要是熔铅锅和电铅锅操作中产生的铅蒸汽。通常，我们往往只是将注意力放在企业向外部排放的污染物是否达标上，却经常忽视生产一线的操作环境情况，因而要实现铅电解车间真正意义上的清洁生产，还有很多工作要做。例如，使用自动耙渣机，避免了人工捞渣可能导致的对人体的危害。总之，要实现电铅企业真正的清洁生产尚需进一步努力。

3. 锌冶金

2010 年我国锌产量为 516.4 万 t，已经连续 19 年位居世界第一。由于我国锌金属消费的快速增长，产能和产量的急剧扩大，导致锌矿产资源的日益紧张，硫化锌矿作为炼锌的主要原料逐渐减少，原料供需矛盾日益突出，造成原料来源复杂，锌品位下降和杂质含量增高。从难选冶、低品位、多金属复杂锌矿及湿法炼锌浸出渣中提取金属锌和有价金属已引起人们的重视。21 世纪以来，我国锌冶炼工程技术学科在对常规锌冶炼技术和装备不断改进的基础上，针对我国矿源变化的客观实际，研究开发和应用了一批具有原料适应性强，节能减排效果好的具有世界先进水平的新技术。

云南冶金集团自主研究开发成功了高铁锌精矿加压氧浸新工艺，并在建立示范厂的基础上进行了较大规模的推广。其主要技术指标：锌浸出率≥98％，锌总回收率大于 90％，银回收率大于 90％，元素硫的转化率 92％，元素硫的总回收率大于 80％，铁浸出率≤30％，氧耗 220kg/t 精矿，所获指标达到国际先进水平。株洲冶炼厂于 2002 年引进了奥托昆普的常压富氧浸出技术，于 2009 年投产，目前已逐步走向工艺连续正常运转。可以预期，随着国内设备制造水平的不断提高，新材料研制的不断创新以及仪表、元件及自动化控制的日益改进，这两个先进工艺，必将在我国锌冶金中得到更多的推广应用。

低品位氧化锌矿直接浸出工艺已在云南开发成功，并在金顶锌业建成 10 万吨以上规模的生产厂。该技术是个连续过程，可对含锌低于 20％的氧化锌矿进行处理，生产成本低，硫酸消耗少，不消耗中和剂，浸出液可循环使用，可获得含锌高的硫酸锌溶液，锌的浸出率高。

硫化锌精矿与氧化锌矿的联合浸出工艺有云南祥云飞龙公司研究成功并已推广五个冶炼厂，产能合计 23 万 t/a。该工艺流程与其他工艺流程相比具有如下特点：硫化锌矿焙砂与氧化锌矿（或精矿）的浸出在一个浸出工序中进行；硫化锌矿焙砂高温高酸的浸出液体除硅、铁的过程与氧化锌矿（或精矿）的中性浸出同时进行，不需要单独的沉硅、铁工序，也不需要外加中和剂，与此同时，利用了硫化矿浸出液的体积，增大氧化锌矿浸出的液固比，解决了单独处理氧化锌矿澄清、液固分离困难的问题；整个过程不需附加成矾离子和硅絮凝剂等；硫化锌焙砂与氧化锌矿（或精矿）的配比有较大的可调范围，硫化矿焙砂比例的高限是氧化矿中性浸出中和酸量的平衡点，低限为硫化锌矿焙砂为零，这时就变成氧化矿单独处理的流程，需加大氧化锌矿的中性液返回量和酸浸液返回量以提高氧化锌矿浸出的液固比，提高浸出液锌含量。这些特点决定了本工艺流程简单、投资省、运行成本低、对环境友好，在竞争日益加剧的现实社会中具有较强的竞争能力。本工艺适用于氧化锌矿与硫化锌矿资源同时存在的地区。

4. 镍钴冶金

镍是重要的战略金属，2010 年产量 17.1 万 t。镍的冶炼分为硫化铜镍精矿冶炼和红土矿（氧化镍矿）冶炼两大类。21 世纪以来，硫化铜镍精矿火法熔炼的传统鼓风炉反射炉和电炉工艺中，落后的鼓风炉和反射炉已被先进的金川公司合成式闪速熔炼和澳斯麦特富氧顶吹熔池熔炼炉所取代，金川合成式闪速熔炼反应温度高，反应速度快，熔炼强度大，燃料消耗少，烟气二氧化硫浓度高，装备水平和自动化水平高。金川公司澳斯麦特炉年处理 100 万 t 硫化铜镍精矿，属世界上最大；金川公司镍冶炼的各项技术经济指标已达到世界先进水平。高镍锍的湿法精炼除了进一步改进金川公司原有工艺外，还研究开发成功了高镍锍球磨—常压硫酸浸出—二段高压硫酸浸出—黑镍除钴—电解沉积生产阴极镍的先进工艺，该工艺流程短，综合利用好，实现自动控制，设备大型化，生产效率高，成本低。电解系统应用高电流密度（220～230A/m^2）、高 pH（4.6～5.1）硫化镍阳极电解工艺，采用始极片剥离及加工机组、全自动化作业等技术改造，提高了作业效率，降低了劳动强度，避免了污染。电解液净化系统采用中和除铁—沸腾除铜—氯气除铜“三段净化”工艺，提高了过滤器的过滤效率和自动操作水平，提高了产品质量和节能减排水平，节省了投资。以上两个系统的成功改造，使硫化镍电解产品质量达到或超过国际同类产品，镍的金属总回收率达 99.57%。

红土矿（氧化镍矿）是镍、钴的又一主要资源，我国资源少。21 世纪以来，国内一些大矿业公司纷纷从国外进口矿石或在国外建厂，因此，推动了国内对红土矿冶炼技术的研究，并取得了较大进展。红土矿难于选矿，只能用矿物直接冶金的火法或湿法方法处理。火法冶炼主要是采用回转窑—电炉工艺流程生产镍铁，作为炼不锈钢的原料，也可以生产高镍锍，再精炼生产电介镍。

红土矿湿法炼镍技术主要有三种：加压酸浸，常压酸浸及堆浸。加压酸浸适合处理褐铁矿型红土镍矿，镍钴综合回收收率可达 90%，但由于采用加压设备，故技术复杂，投资较高，该工艺已在国外建厂。常压酸浸适合处理残积矿型含镍红土矿，镍钴回收率79%～80%，酸耗 750kg/t 干矿石，电镍符合 1# 电镍标准，该工艺已在国内建厂。含镍红土矿堆浸技术是近几年来研发的技术，虽然其工艺简单，相对投资及经营费用较低，在国外已取得一定成效，但我国目前尚属于研发阶段，云南锡业公司安定矿山堆浸以及广西银亿科技有限责任公司池浸，规模较少，尚属于技术开发阶段。

镍铁冶炼有高炉法和电炉法两种落后工艺，这两种工艺污染大、回收率低、能耗高、产品质量差。目前，恩菲公司在福建福安镍铁试验基地首次设计建设了先进的大型镍铁生产线，采用恩菲设计的 33000kVA 大型镍铁电炉、热料输送及机电一体化系统，系统已建成并正在试生产中。该工艺镍回收率较高，达到 90%以上，电耗为 500 kW·h/t 矿，炉寿命可达 7 年，电炉设有完善的控制系统。它的投产标志着我国镍铁生产技术已基本达到国际先进水平。

我国钴的资源缺乏，主要存在于硫化铜镍矿中，甘肃金川储量最大。另外还少量的存在于含钴黄铁矿、硫化铜矿和钴土矿中，但是这些少量的钴资源品位低，经济价值不大。随着近年来我国有色金属冶炼整体技术的提高，钴的冶炼技术也接近国际先进水平。从硫化铜镍精矿冶炼过程中回收钴的技术，在金川公司已经成熟，近两年在技术上没有重大发展；从红土矿火法或湿法冶炼中回收钴的技术都已生产应用，新的进展不大。

5. 锡、锑、铋冶金

锡、锑、铋三种金属是中国的特产，其矿石储量、金属产量、产品品种质量都居世界前列。全球 83%的锑是中国供应的,中国的锡和铋的产量分别占全球的 40%和 50%。云南锡业公司和湖南锡矿山锑业公司是世界早已知名的生产锡和锑的大型企业。广西华锡集团是中国 20 世纪 80 年代新开发的大型锡铅锌锑铟多金属生产企业,柿竹园有色金属公司拥有我国最大的铋冶炼厂。这三种金属的冶炼技术,我国一直是处于世界领先地位,最近几年,又在原有基础上,吸收了其他金属冶炼新工艺的原理,开发了若干新技术,对提高金属实收率、节能降耗、改善环保等方面起了很大的作用。

锡的传统冶炼工艺是采用反射炉或电炉强还原熔炼。20 世纪以来,云锡公司引进了奥斯麦特炉用以炼锡,并将奥斯麦特炉原来的三段熔炼(熔炼段、弱还原段、强还原段)改为二段熔炼(即熔炼段、弱还原段、取消强还原段)这样减少了铁的还原,从而减少了乙锡和硬头的生成。新工艺熔炼强度大,单台炉子能力相当于传统反射炉的七台,节能、环保和生产自动化都有较大改进。锡的精炼技术经过云锡、华锡等生产企业和昆明理工大等研究改进已经开发一套完整的中国式锡精炼技术,包括:离心过滤除锡中的 Fe 和 As、电热螺旋结晶机除锡中的 Pb、Bi、真空蒸馏分离锡和铅。锡的产品质量提高到 99.99%和 99.999%。目前已开发丝、板、棒、球、粒、粉在内的 400 多个锡的产品,开发有机锡化合物和无机锡化合物等 16 个品种。产品已广泛应用于电子行业、汽车工业、食品包装等行业,出口到美国、欧洲和日本。

锑冶炼工艺一直是用中国的特有技术,因矿石类型的不同而异,锡矿山的单一锑精矿采用中国自行开发的硫化锑精矿直接加入鼓风炉,进行挥发熔炼产出氧化锑挥发物,再用反射炉还原成金属锑并进一步精炼。辰州矿业含金锑精矿的冶炼工艺也是采用精矿直接加入鼓风炉进行挥发熔炼,产出氧化锑再还原精炼。由于脆硫铅锑矿中的铅和锑不能通过选矿分离,所以,脆硫铅锑矿的冶炼首先将精矿用沸腾焙烧脱硫—焙砂烧结—鼓风炉还原—铅锑合金反射炉氧化分离铅锑—产出氧化锑和粗铅,该流程的不足是冶炼流程长,中间返回物料多,金属实收率低,焙烧及烧结烟气含 SO_2 低,不宜制酸,造成环境污染。最近恩菲公司研发出氧气底吹熔炼处理铅锑混合精矿的工艺,目前正在建厂。这种工艺对提高金属实收率,解决环境污染,节能降耗有很好的效果。粗锑精炼除铅是难题,锡矿山矿务局研发出一种除铅剂解决了锑精炼除铅及高纯锑生产难题,该项新技术的发明,使我国的锑精炼技术迈上了一个新台阶,并领先于世界先进水平。我国锑产品品种多样化,质量已达到并领先世界水平,完全满足了国内外对锑产品的需求。

铋的冶炼工艺一直是将铋精矿或含铋的半产品用反射炉进行沉淀熔炼或还原熔炼,产出粗铋再用火法精炼,这种冶炼工艺最主要的缺点是精矿中的硫或从烟气中排放或从弃渣中排放。最近,北京矿冶研究总院和柿竹园有色金属公司共同开发了以矿浆电解为核心的湿法冶炼工艺。中南大学研究推出了铋精矿低温碱性熔炼工艺,主要是解决现行冶炼的环保问题。铋是重金属中的稀有元素,它具有很多特殊性能:熔点低(271℃),凝固时体积增大,具有较强的逆磁性,铋的合金具有热电效应,而且是一种对人体健康无害,环保性能好的金属,过去常用它作医药、化妆品,并和铅、锡、锑、铟等金属组成低熔点合金制作热敏元件用作消防器材、电器保险器材等。最近几年,在高科技领域,开发出许多新用途,如:含锑 11%的铋合金用于制造红外线检测仪,利用铋在磁场作用下电阻率急剧减少而被制作磁力测定仪,铋锰合金制作永磁合金,碲化铋制造温差电致器元件用于太阳能电

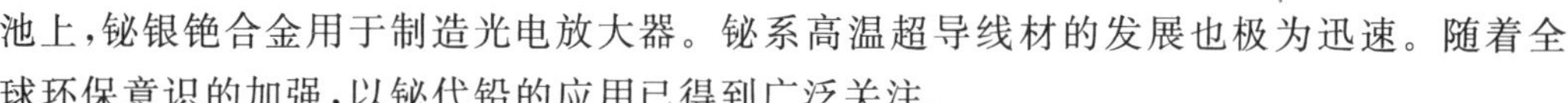

池上，铋银铯合金用于制造光电放大器。铋系高温超导线材的发展也极为迅速。随着全球环保意识的加强，以铋代铅的应用已得到广泛关注。

（三）稀有金属冶金工程技术学科

1. 钨冶金

钨是一种稀有高熔点金属。钨及其化合物具有一系列优异的特性，是传统工业、新兴产业和国防军工等领域不可或缺的功能材料，被誉为“工业牙齿”。中国是钨资源大国，其矿石储量和生产量均居世界首位，在世界钨行业具有举足轻重的地位。

我国钨冶炼产品和工艺技术已达到或超过国际先进水平。目前，由于多年来钨资源的大规模开采和利用，易处理的优质黑钨矿物趋于匮乏，迫切需要研究解决难处理的接替资源——白钨矿的开发和冶炼新技术，保持我国钨工业的可持续发展。针对过去曾认为在常规条件下用 NaOH 分解法难处理白钨矿的问题，开发了常压分解白钨矿及黑白钨混合矿的方法，可在常压条件下，实现钨矿的连续分解；发明了高浓度离子交换的新技术，使交换前液浓度提高了 10～15 倍，交换容量提高了 3 倍以上，极大地减少了废水排放量，废水达到国家排放标准；应用“赝三元相图法”，开发了在蒸发结晶过程中添加抑制剂脱除磷、砷、硅等杂质的新技术，使 NaOH 被回收利用的同时，杂质磷、砷、硅被固化进入到浸出渣中，极大地减少了钨冶炼对环境的污染；采用原位生成配体吸附的技术路线，形成了原位生成吸附剂高效除去高锡矿浸出液中锡的新技术，使长期以来的生产产品锡含量高的难题得以解决；开发了超细晶硬质合金工业化制造技术——“紫钨原位还原法”，该技术以仲钨酸铵为原料，分解、自还原成纳米级针状紫钨晶粉，然后原位还原为纳米或超细钨粉，再碳化后获得超细碳化钨粉，接着加入超细钴粉作黏结相，成型、烧结，获得超细晶硬质合金。

硬质合金是钨的主要应用产品，作为高效工具材料发展迅速。21 世纪以来，我国已发展成为硬质合金大国，产量已达到世界总产量的 1/3 以上。在技术上，制粉工艺及装备已达到国际先进水平。新型成型技术，烧结技术及装备，涂层技术和检测技术大部已达到国际同等水平，部分还有差距。新型合金材料，如超细及纳米材料、新型涂层合金材料、功能梯度硬质合金、增韧硬质合金，我国都有研究和应用，但总体上与国外差距较大。所以我国还不是硬质合金强国，应继续加强深加工精加工技术和材料的研究，争取早日使硬质合金整体技术和产品质量超过国际先进水平。

2. 钼冶金

钼是稀有难熔金属，主要用作钢铁的合金化添加剂，以增强钢铁的强度、硬度和抗氧化、抗腐蚀性能，在熔炼、催化、润滑领域也有应用，近年来钼在 LCD 显示屏、光伏电池板、风能和核能工业上的应用也不断拓展。钼冶金工程技术学科近年来取得重要发展，在钼冶炼方面，国内洛阳和金堆城两大钼业公司，研制成功先进的钼精矿多膛炉焙烧工艺和装备，并已投入生产，从而摒弃了 30 多年能耗大、产品质量差、资源利用率低的外热式回转窑和反射炉，有效提高了钼回收率和工业氧化钼产品，同时还使烟气 SO_2 浓度达到了制酸的要求。新工艺能耗低，加工费低、环境友好，经济效益明显，达到国际先进水平。洛阳栾川钼业等用内热式回转窑取代老式的外热式回转窑，并利用中后阶段焙烧放出的反应热加热前段物料，节约了大量能源，这种节能型内热式回转窑焙烧技术也是一项创新。新华隆和洛阳钼业两公司引进建设了两条先进的钼铁生产线，提高了钼铁冶炼的机械化自动化水平，改善了作业环境，提高了生产指标。北京有色金属研究院研究开发了真空分解钼精矿——升华制取三氧化钼技术，改变了钼冶金传统的焙烧—氨浸—焙解的复杂工艺，在难熔金属冶金领域做出了重要探索。在钼化工冶金方面，金堆城钼业研发并建设了一条国际先进的钼酸铵生产线，实现了水洗替代酸洗，消除了氨氮废水，同时采用特殊氨浸工艺，降低了生产成本，使钼酸铵生产的质量完全达到国际领先水平，为下道钼粉制备提供了优质原料。在钼粉末冶金方面，金堆城钼业近年来对钼粉生产技术进行不断的创新，已制出粗、特粗、中和细粒等规格钼粉，纯度为 99.99%高纯钼粉也已批量生产，钼板坯纯度可以达到 99.995%以上，掺杂稀土镧、钇，硅铝钾钼粉全面推广，新开发的低钾和低氧钼粉已经逐步实现市场接轨，从而满足了电子产品对钼金属制品的要求。在钼金属加工技术方面，近年来，国内主要钨钼加工企业相继通过购置大型宽幅轧机，使我国向生产 2m 左右的钨钼板材方向努力，以满足生产大型 LCD 显示屏五代线用溅射靶材的需要；金堆城钼业和洛钼高科引进先进精锻机进行钼棒坯加工，实现了钼棒材在线热连轧，提高了生产效率、降低了能耗和生产成本，为大单重钼杆丝材的生产奠定了基础。当前我国钼冶金工程技术学科的总体水平已经进入世界先进行列，但是与国外最先进相比仍有不少差距，主要体现在高档次产品的质量不高、品种规格不全，在冶金、制粉和加工方面也有较多需要改进，特别是众多中小企业技术仍很落后，急需提高。

3. 钽、铌冶金

钽、铌在自然界中，常常紧密共生。钽、铌具有一系列优异性能。因此，钽铌是重要的功能性材料。工业上一般经湿法冶炼生产 K_2TaF_7、Ta_2O_5、Nb_2O_5 等产品，再以它们为原料，经碳热还原、铝热还原或钠还原生产金属铌或钽。20 世纪 90 年代，我国钽铌工业得到了迅速的发展，逐步达到或接近国际先进水平，其代表厂家中色（宁夏）东方有色集团近年更是以快速发展跻身世界钽业三强。近年来，我国钽铌工业发展较快，技术、装备及产品都取得了很大的进步。

钽铌湿法冶炼方面：在工艺技术上，研发成功并应用了连续矿浆萃取技术、氟化分解、分步萃取技术、在线分析及微机监控技术、Ta_2O_5、Nb_2O_5 连续喷射沉淀新工艺、细粒径 Ta_2O_5、Nb_2O_5 生产工艺以及难分解低品位矿石的综合利用技术。在生产设备方面：采用雷蒙磨淘汰了双筒振动式球磨机提高了磨矿效率，采用钢滚塑分解槽淘汰钢衬铅或搪铅分解槽提高了设备寿命，改钽铌氧化物焙烧箱式电阻炉为回转炉减轻了劳动强度，采用压滤机与搅洗槽配套洗涤、锥形混料设备混料、微孔装置过滤以及湿法生产过程的全塑化等。工艺和设备的技术进步明显改善和提高了生产效率、钽铌原料的分解率和钽铌与杂质的分离效果，提高了难分解低品位矿石的总收率，同时还可以回收低品位矿中钛、锆、钨等有价金属。

钽铌火法冶炼方面：在工艺技术上，成功开发出钽冶炼双项可控液—液搅拌钠还原生产工艺，对传统的碳还原生产铌工艺技术进行改进，研发并不断完善铝热还原生产金属铌技术。在设备上采用衬镍不锈钢复合反应弹、全塑卧式酸洗槽和全塑自流水洗槽及大型不锈钢搅洗槽、大容量卧式真空钽粉热处理炉、真空电弧炉和大功率真空电子束熔炼炉，研发了自动控温等生产过程自控系统。

上述湿法和火法工艺、设备的技术进步，优化了生产工艺，降低了生产成本，有效提高了产品质量和增加了适应市场需要的新产品。当前，70000～100000μFV/g电容器用钽粉已出口成为国际市场主导产品，近期开发出了200000μFV/g钽粉样品和中压高比容片状钽粉新产品；开发出电容器级NbO粉新产品，并实现了产业化；高纯钽锭已达到4N5的水平；杂质元素含量为$1/10^6$的超导铌锭，已通过德国DESY实验室认证，并成功应用于射频超导腔的制作。高压钠灯灯头盖帽用、溅射靶材用、高温航空航天发动机材料等高级科技材料用的铌合金，都已成功研制并已提供用户。

在钽铌及其合金加工方面：用型轧开坯替代旋锻开坯，用特殊表面处理技术替代阳极氧化，用连续多模拉拔技术替代单模拉拔，用新型连续清洗技术替代酸洗和抛光，用连续退火技术替代产品的成卷退火，用新型矫直技术替代旋转矫直等一系列工艺技术的改进，提高了生产效率和成品率，保证了产品表面质量，达到国际先进水平。

4. 稀土冶金

稀土元素独特的电子层结构，使其具有优异的磁、光、电等特性，从而被开发出一系列性能优异的稀土功能材料，广泛应用于国民经济和国防军工的40多个行业。稀土是当今世界各国改造传统产业、发展高新技术和国防尖端技术不可或缺的战略资源。我国稀土储量居世界首位。我国稀土工作者针对国内稀土资源特点开发了稀土采选冶工艺，并在工业上广泛应用，建立起完整工业体系，已发展成为世界稀土生产大国。

近年来，稀土冶炼主要集中于稀土矿物高效绿色冶炼技术开发，国内研究主要集中在降低化工材料消耗、减少氨氮废水污染、综合回收钍、氟、锶、铌等伴生金属以及废气、废水的综合回收利用等绿色工艺开发。如：完成了浓硫酸低温静态焙烧—伯铵萃钍—P_{204}或皂化P_{507}萃取转型生产混合氯化稀土工业试验，水浸渣达到国家低放射性渣的标准，该工艺可有效回收稀土矿中的钍，并通过采用低温熟化技术实现连续低温动态焙烧；开发了硫酸低温焙烧—碳铵热分解回收HF工艺，可实现尾气达标排放；另外还开发了中温硫酸化焙烧—水浸—过滤—中和沉淀获得可溶性钍渣，再采用酸溶解—伯胺萃取回收钍。在新型分离提纯技术开发方面，除了对常规分离技术进行创新外，一些研究者还将其他领域的新技术，如离子液体技术、离子印迹技术应用到稀土元素的分离提纯，已取得良好的效果。

随着稀土产业规模的不断扩大，稀土资源消耗加快，环境污染问题凸显。同时，高新技术产业的快速发展对稀土产品的要求也越来越高，稀土冶炼分离企业面临着多方面的挑战。因此，急需开发适用于低品位、多金属共生稀土矿物的综合回收技术；急需开发低成本、实用的清洁冶炼分离工艺，实现化工材料的循环利用，从源头减少或消除三废污染；急需开发粒度、形貌、比表面等物性可控的制备技术和装备，以改变目前稀土冶炼分离企业后加工工艺粗放，产品物性不可控的状况；应大力开展高丰度稀土元素的应用研究，以解决低丰度镨、钕、铽、镝、铕等稀土元素紧缺，高丰度铈、镧、钇、钐等稀土元素过剩，价格低，从而影响稀土企业的效益，增大稀土企业运行难度的问题。随着我国稀土出口政策的调整，国外稀土资源将陆续开采加工，稀土冶炼分离行业的竞争将趋于国际化。同时，国外对中国稀土产品的需求量将会减少，所以必须加强稀土在国内的应用开发。未来我国稀土冶金学科的发展应围绕国家和稀土行业发展需求，以资源高效利用为宗旨，清洁生产和节能减排为目标，研究开发环境友好、资源节约与循环利用的新技术。

5. 钛冶金

钛为稀有难熔金属。钛及其合金是优异的结构材料和重要的功能材料，被广泛用于国民经济、国防军工和高技术领域。目前我国钛、钛合金及其加工已形成比较完整的工业体系，2010 年海绵钛产量 5.5 万 t，是世界上主要的钛生产国，生产技术已位于国际前列，但与国际先进水平相比尚有一定的差距。

钛在自然界比常用的铜、铅、锌金属的储量总和还多。但氧化钛很难用碳直接还原生产金属钛，目前工业生产用的 Kroll 法，过程复杂，能耗高、成本高，因此，改进现有 Kroll 法和研究新的冶炼方法一直是钛冶金学科的主要任务。

目前，我国用 Kroll 法制备海绵钛的技术日臻成熟，主要工序包括氯化、精制、还原蒸馏、精整和镁电解，形成了完整的镁、氯闭路循环。氯化工序方面，与美国、日本相比，我国的沸腾氯化炉规模小、产能低，近两年国内已有厂家从国外引进整套大型沸腾氯化炉生产技术，正在进行技术攻关；精制工序国内均采用落后的铜丝除钒工艺，与国际采用的有机物、硫化氢和铝粉等除钒先进的工艺技术相比，产能低，污染大，且不能连续生产。近年来，已有少数厂家采用有机物除钒工艺和实现计算机控制生产，自主研究的一步法铝粉除钒工艺正在进行工业试验，植物油除钒技术已有引进，与国外的差距正在缩小；还原蒸馏工序已接近国际先进，炉型的大型化已达到国外水平，其中倒 U 型(12t/炉)是目前世界上单炉产能最大的炉型，生产均已实现计算机控制，但还存在反应寿命短，生产消耗高的问题；四氯化钛镁电解工序技术和设备与国外基本相同，但氮氯气回收浓度及电耗等指标低于国际先进。现已有企业引进了美国的镁电解多极槽技术，正在消化吸收和技术攻关，稳定投产后，能极大地缩小我国镁电解生产技术与国外先进技术的差距。海绵钛由于生产流程长，需镁作还原剂生产，因此单位产品的电耗较高。目前国内全流程的海绵钛生产厂家的总电耗在 32000kW·h/t－Ti 的水平，比国际先进高 10000kW·h/t－Ti 以上。

目前，我国生产的海绵钛质量已达到国际标准，产品的内在、外观质量水平在不断提高，已大量销往欧洲和美国市场。遵义钛业已获得了德国蒂森·克虏伯公司的航空级海绵钛认证。但我国海绵钛存在批产品质量分布不匀、疏松度较差的问题，有待进一步改进。

由于原料质量差，使得我国钛工业的“三废”治理比日、美等国困难。目前，废水、固体废料的治理和回收利用做得比较好，不会对环境造成污染。但废气治理差距大，氯气排放量高于国际标准，需要进一步努力向国际标准看齐。

国内外对新法炼钛进行了不断的探索，其中主要的研究有：金属钠还原四氯化钛制备金属钛连续生产工艺(ITP)，氧化物电解工艺(MOE)，TiO_2 电解法制钛新工艺(FFC)，电解 $TiCl_4$ 制备金属钛的方法(Ginatta)，钙热还原 TiO_2 工艺(OS)，预成型还原工艺(PRP)，热还原—电解钛提取方法(USTB)等等。

钛冶金工程技术学科的发展方向：①进一步完善 Kroll 法，降低成本，减小能耗，降低三废排放，进一步提高产品质量，这一点对目前冶炼技术稍有落后的中国来说，尤为重要。②大力开发钛冶金新技术、新方法，从根本上减小能耗，降低成本。研究的重点是：海绵钛

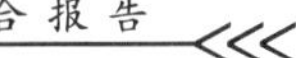

的质量升级工程，海绵钛的节能、减排技术研究，海绵钛新法冶炼原理的基础研究及工艺技术研究。

6. 锆、铪冶金

锆、铪和钛同为稀有难熔金属。锆、铪均具有优良的加工、耐蚀和核性能。锆和锆合金是核动力反应堆的燃料包壳和定位隔架、端塞等的结构材料；铪是核动力潜艇、航母等舰船用反应堆的控制棒材料。锆和铪是涉及国防军工和核能的战略材料，各生产国均对其生产工艺、产量和用量保密。

近年来我国锆铪冶炼工程技术取得较大的突破。研究成功：①具有自主知识产权的MIBK—硫铵(NH_4CNS)萃取分离锆、铪工艺，其创新点是，直接以氧氯化锆($ZrOCl_2 \cdot 8H_2O$)为原料，代替由锆英砂($ZrHfSiO_4$)经氯化制得的四氯化锆；双溶剂优化组合，抑制HCNS在HCL体系中降解；应用串级萃取理论，设计优化分离主体结构，优化工艺参数，可同时产出合格的核级ZrO_2和HfO_2，萃取效率高，分离效果好，设备材质易得，产能大且投资少，质量稳定。②磷酸三丁酯(TBP)—树脂法萃取分离工艺，其创新点是，采用经碱熔的ZrO_2Cl_2代替$ZrCl_4$，减少Si进入分离体系，控制乳化的产生；TBP—树脂联合萃取降低了杂质在体系中的富集度，提高了分相效果并降低了设备的老化和腐蚀速度。③具有自主知识产权的沸腾床氯化制取$ZrCl_4$新工艺，其创新点：将$ZrSiO_4$脱硅制得ZrO_2(电熔锆)取代以Zr(Hf)SiO_4为原料，再经氯化获得$ZrCl_4$，减少了能耗、氯耗和$SiCl_4$回收装置，降低了成本；自主研发成功加热体系和反应器沸腾段及其连接装置和Zr(Hf)Cl_4接收设备，突破了国外模式，保证了沸腾氯化反应参数及过程的连续运转；提高了氯化Zr(Hf)Cl_4气流速度，直接获得固态产品。④镁热还原过程控制技术，其创新点是，将$ZrCl_4$与镁反应器分体，打破了理论和实践中必须控制P_{Ar}为0.325的数值，既控制了压力组成，还原反应还易于操控，使回收率提高3%～5%，单炉产能提高30%～40%，接近美国单炉水平能耗，成本降低10%左右。近年来取得的重要技术成果还有：无坩埚多层海绵锆蒸馏技术，$ZrOCl_2$制备和"三废"处理技术，熔盐提纯制取精$ZrCl_4$技术，锆英砂连续碱熔工艺等。

我国锆铪冶炼技术和国际的主要差距：生产规模小，回收率低；TBP萃取法的设备腐蚀和乳化问题有待在产业化生产实践中解决；目前无海绵铪的生产线，海绵铪生产仍为空白，金属铪全部依靠进口；研发和设计团队技能总体滞后。

我国锆铪冶炼工程技术发展的方向：加速引进项目的消化吸收和再创新工程；实现具有我国自主知识产权创新的海绵锆铪产业化和炉产大型化；扶持海绵铪研发项目，建立我国海绵铪产业，打破国外垄断和封锁；扶持大型锆砂采选工艺研发，提高我国自有锆砂产量；加强具有现代创新冶炼技能的锆铪科研和设计队伍建设，继续实行产学研结合体制，为建立我国具有自主知识产权、大型化的锆铪冶炼工业服务。

7. 锂、铷、铯冶金

锂是所有金属中最轻的金属。锂、锂合金及其化合物以其优异的特性不仅在传统工业领域，而且在国防尖端工业等高科技领域中获得日益广泛的应用。铷、铯具有很强的化学活性和优异的光电效应性能，在电子器件、催化剂、特种玻璃、生物化学及医药等传统应用领域中有较大的发展，在磁流体发电、热离子转换发电、离子推进发动机、激光能转换电能装置、铯离子云通讯等新兴应用领域中，也显示了强劲的生命力。我国锂铷铯资源丰富，已探明的锂资源居世界第二位。

近年来，我国锂铷铯冶金技术取得了重要新进展，研究成功：高镁锂比盐湖卤水镁、锂分离技术，解决了开发我国丰富的盐湖锂资源卤水中提锂的技术关键；自主开发了以提硼后的酸化液和洗涤液为原料生产碳酸锂的技术；研究开发了冬季储卤—多级冷冻日晒—积温沉锂盐田富集碳酸锂工艺；提锂后尾卤中富集和提取铷与铯的工艺；具有自主知识产权的锂云母提锂及制备系列锂盐的新工艺；真空热还原法金属锂吨级制备工艺；建立了金属铯提纯及铯泡封装装置。

我国锂铷铯新材料的研究取得以下新进展：在激光科学技术领域内，制得了具有较高相对结晶度（87%）和较小的粒径（<100 nm）的单相 $LiNbO_3$ 和 $Nb_{0.999}O_3$ 晶体；橄榄石型磷酸铁锂电池正极材料是一种新型锂离子电池电极材料，成功地进行了 $LiFePO_4$ 的改性研究，提高和改善了其电导率、电化学性能。在铷铯冶金和应用方面的研究也有许多新进展。

锂铷铯冶金与新材料技术的国内外对比：我国在锂工业产品方面与国外相比，一是锂化合物品种少，技术含量低，附加值低；二是国内初级锂盐原料缺口大，依赖进口，成本高，从而影响了深加工产品的竞争力。在锂离子电池正极材料方面，技术与国外基本相当，但企业规模小。我国铷、铯的生产和应用与国外差距较大，这些年来我国的研究工作主要集中在铷、铯的提取工艺上，而忽视了铷、铯应用的开发研究，直接阻碍了我国铷、铯工业的发展。锂、铷、铯冶金工程技术学科的发展，一是要把提锂工艺技术的研究从矿石原料转向卤水原料提锂去研究，二是要加强深加工产品和应用技术的研究。

8. 稀散金属冶金

稀散金属指镓、铟、铊、锗、硒、碲、铼七种金属，是当今高新技术和国防军工发展的支撑材料，移动通信和光通信、信息技术、半导体照明、太阳能电池等高新产业发展给稀散金属带来强劲的需求。稀散金属没有独立矿床，主要资源伴生在有色金属矿和煤矿中。我国资源优势明显，镓、铟、锗产量居世界首位。稀散金属是战略资源，发展稀散金属提取冶金技术对更加合理开发利用我国这一日益宝贵的资源具有重大意义。

近年来，我国科技工作者在稀散金属冶金工程技术学科的研究领域取得了许多新进展：对树脂吸附法及溶剂萃取法分离回收稀散金属的研究，发现了 P538（单烷基膦酸）在硫酸体系对镓、铟、铊较好的萃取作用并选用不同的反萃剂实现相互分离；研究出利用多项式拟合的方法来测定溶液萃取平衡常数；研究了铼分别在盐酸和硫酸体系下的萃取热力学行为，首次得到铼在离子缔合体系下的标准萃取平衡常数，为工业提取分离钼铼奠定了理论基础；研究成功了技术配套的密实移动床螯合树脂吸附法从拜耳法种分母液中提取金属镓并已大规模工业应用；用树脂吸附法分离提取铟、铼、锗的研究都有新进展。在稀散金属真空冶金技术研究方面，研究成功了从蒸馏锌渣中回收锗、铟，从铜阳极泥中回收硒等技术；在湿法炼锌中稀散金属富集新工艺研究方面，研究改进了黄钾铁矾法的铁矾渣富集铟工艺，研究成功先分离稀散金属再行除铁的针铁矿法；在含锗煤提取锗的研究方面，研究成功了高温干馏煤、还原挥发锗技术以及微生物浸出提取锗技术。

我国稀散金属资源综合回收、分离提取和应用技术与国外尚有一定的差距，今后应进一步深化研究超越国际先进，研究重点：进一步加强资源综合回收，开展高选择性的吸附树脂和萃取剂的研究与应用，以解决低含量、成分复杂的稀散金属资源分离提取的技术问题；深入研究铊的吸附技术，是有色冶炼厂废水处理的紧迫课题；发展稀散金属的循环利用技术，应着力开发 ITO 玻璃、光纤、GaAs 芯片、LED 等领域产出的二次资源的回收利用技术；铼作为战略物资，我国年仅产出 1～2t，应开展深入的资源普查，对已知的资源，研究更高效的提取技术以提高铼的回收程度，满足我国军工的需求；我国镓资源的 60% 分布在铅、锌、铁的矿产中，应进一步研究更有效的回收方法，提高回收率。

(四)贵金属金冶金工程技术学科

“贵金属”是指金、银和铂族金属(铂、钯、铑、钌、铱、锇)共 8 种元素，具有强抗氧化性和无与伦比的物理、化学优良特性。地壳中含量少、矿石品位低，提取周期长、工序多，生产成本高，与常见有色金属相比，量少价昂(常称为“小金属”)。贵金属中银产量最高，近年来，世界年矿产量约 1.5 万～2 万 t；金次之，约 0.25 万 t；铂族金属仅约 500t，被称为“稀有贵金属”。铂族金属中铂、钯产量约为铑、钌、铱、锇总量的 10 倍，后 4 个金属称为“稀有铂族金属”。铂族金属是 20 世纪初才开始大规模工业生产和广泛应用的“新金属”，先后被誉为“现代工业的维他命”、“第一高技术金属”和“人类社会可持续发展的关键材料之一”。中国黄金产量 2007 年超过南非，连续 3 年成为世界第一的金、银生产大国。2010 年，我国黄金产量 340.876t，银产量(含二次资源回收)11617t。矿产铂族金属主要由金川供应(约占 97%)，2009、2010 年产量约为 2.5t、2.2t。我国位居世界前列的铂族金属消费大国，特别是铂、钯消费量增长很快，约占世界总消费量的 1/5，分居第一、第二位，二次资源再生回收已有较快发展。21 世纪以来，我国在贵金属冶金的众多领域，广泛地开展了研究和工业应用，学科发展取得了重要进展。

1. 金、银冶金

在金、银矿选矿技术方面：针对矿石品位下降、处理难度增大的困境，采用新型高效破碎、磨矿、分级和重选设备，研究和应用先进的闪速浮选、载体转移、微生物氧化浮选技术和大型高效浮选设备，以及采用重—浮选、浮选—氰化、氰化—浮选以及重选(浮选)—炭浸等联合工艺，大大提高了低品位、难处理资源的综合回收水平，有效提高了资源利用率。

在金矿提金工艺技术方面：研究、开发和应用了高效富氧浸出工艺(CILO)，加压、多段浸出氰化法的强化工艺和浸出设备，堆浸大型化和技术纵深化，浸出液提金的新型树脂离子交换法，加温加压解析和无氰解析炭浸工艺，以及从含氰废液中回收氰化物的酸化—挥发—吸收法、酸化沉淀—中和法、膜法、离子交换法等的研究和应用，其中，含氰废水及黄金工业特征 COD 浓度处理新技术及配套设备研究与应用获 2009 年度“中国黄金协会科学技术奖”一等奖。非氰提金工艺国外研究有新进展，国内发展缓慢。

在难选冶矿利用技术方面的新进展：国内研制的 BGRIMM—DNl50 型沸腾焙烧装置已用于生产，循环沸腾焙烧炉、闪速焙烧和纯氧(富氧)焙烧等无污染新工艺以及微波焙烧等新技术研究在国内外都有新进展；碱性热压氧化—釜内快速氰化、压热催化氧化预处理—氰化及压热氧化预处理等热压氧化技术已在国内矿山应用；生物氧化法和化学氧化法在国内难选冶矿的开发利用中得到成功应用并有创新。

从有色金属资源中综合回收金、银。目前，我国伴生金占总金产量的 43.39%，银产量一半来自铅、锌，另一半来自铜和独立银矿山，其中独立银矿份额较小。伴生矿选矿回收技术的进步主要是选用新型高效捕收剂、抑制剂以及应用更有效更先进的选矿设备，提高了伴生金银的回收率。独立银矿的选矿综合回收几乎都是用浮选及重—浮选联合法，但是某些难处理矿的选矿尚有难度。从冶金副产品中综合回收金、银的技术已经达到国际先进水平：铜阳极泥主要采用硫酸化焙烧-电解和加压浸出-吹炼-电解工艺。铅阳极泥研发并成功应用了火法熔炼—氧化精炼—电解、全湿法和湿—火联合工艺等新工艺使金银等有价金属得以较彻底的分离和回收，但高砷现在仍是铅阳极泥处理的难题。

从二次资源中回收金、银价值越来越大，再生金属回收量也越来越多。金主要是从合金、含金液、电子废件、贴金件、粉尘等含金二次资源和老尾矿中回收，银主要是从冶金含银废矿渣、电子废元器件、垃圾、感光材料、电解阳极泥等二次资源中回收。回收工艺主要是湿法，也有火法，回收技术不断得到提升。

金、银精炼的经典方法是电解和火法氯化法，也有些用化学法。目前，我国金的回收主要采用：电解(占 80%以上)、湿式氯化和溶剂萃取法精炼(约 5%)，新(改)建企业采用溶剂萃取法的逐步增多。以上技术均有改进和创新，但氯化精炼现已较少使用。银的回收工艺主要仍是电解精炼，产品质量的关键在于电解液杂质的控制。

我国金、银冶金工程技术学科发展的问题和对策：①资源不足且浪费严重(全行业平均回收率仅为 59%，大中型国有企业平均 70%以上，中小企业则不足 30%)，难以支撑生产快速可持续发展，因此，今后资源发展的主要目标是：努力提高矿产资源综合利用率、降低生产成本、提高劳动生产率和保护生态环境不受影响；努力加强二次资源再生回收力度和提高回收技术；②金、银冶炼技术比国际先进尚有差距，今后发展的主要目标是：重视开发经济实用的非氰提金技术，针对矿产资源综合回收利用、生态环境保护等技术难题，努力开展自主创新研究，提高直收率、实收率，改进设备、工艺，提高劳动生产率，降低生产成本，减少污染和对生态环境的影响；③要进一步重视人才的培养，保证后继有人和可持续发展。

2. 铂族金属冶金

铂族金属通常与硫化铜镍矿共生，矿石品位低，除极少数可通过重选得到精矿外，一般都需要经过复杂、冗长处理，才能获得铂族金属富集物(精矿)进行精炼，因此“富集”是提取铂族金属的关键。

从矿石中提取铂族金属技术的进展：国外铂族金属主要生产国南非和俄罗斯的矿产资源铂族金属含量高，易提取，提取技术相对简单。我国铂族金属矿产资源缺乏，且品位低、矿物组成复杂。金川镍矿是我国矿产铂族金属最主要的生产基地，二矿区富铂矿石用重—浮选工艺处理，铂、钯回收率比单一浮选分别提高 9%和 5.3%；引进创新了奥托昆普技术，同时还开展新浮选药剂、旋流静态微泡浮选柱的应用研究，使生产指标达到了世界先进水平。

新疆喀拉通克矿是仅次于金川的含铂铜镍矿，使用该矿原料的阜康镍冶炼厂从铜镍冶炼副产品中回收少量铂、钯，每年共约 20～50 kg。金宝山是低品位铂钯矿，综合回收技术难度大，现已经解决完成采、选、冶的主要技术关键，已完成了工艺流程的研究和设计，正等待建设中。

金川公司在冶炼过程中回收贵金属，技术和产量都很大发展。产量已从1983年的400kg/a，发展到2011年的5000kg/a。在二次合金回收贵金属技术上研究和应用的全萃取技术较传统的化学沉淀法和亚硫酸钠脱硫技术，缩短了流程，提高了脱硫率，提高了贵金属产品回收率和产品质量。利用阳极泥回收贵金属时，应用了加压浸出与氧气顶吹转炉技术，大大提高了贵金属与贱金属的分离能力，提高了贵金属回收率，保证了贵金属产品的质量。

从二次资源中回收铂族金属的进展：铂族金属废料的主要特点是品类繁杂、形态各异；单批数量少、处理规模有限；取样不易、含量难定；技术复杂、回收困难。除少数高品位或成分单一的废料外，多数回收流程较长、技术要求高、处理周期较长。

1)汽车排气净化催化剂：

已研究成功湿法浸溶的溶氧化酸浸法和加压氰化法、火法捕集的等离子体熔炼铁捕集法和金属捕集法。湿法浸溶投资小、设备和操作较简单，多为小型企业及个体作坊采用，但浸出率波动大、常达不到要求，环境污染严重。火法熔炼可使铂族金属含量提高几十倍、后续湿法处理量小，铂族金属直收率高，但能耗高、设备投资大和技术相对复杂，大型回收厂一般选用火法。

2)石油、化学工业用催化剂：

以活性炭为载体的铂废催化剂主要采用焚烧载体富集贵金属，再湿法精炼的工艺；Al_2O_3 负载型催化剂用湿法和干法。湿法包括溶解载体法、选择性浸出活性组分法和催化剂全溶法；干法主要包括加热挥发法和熔融置换法。干法工艺短，设备要求高，投资大；湿法成本较低，技术可行，是国内普遍采用的方法。

3)钯催化剂的载体多为活性炭、Al_2O_3、分子筛及沸石、陶瓷、硅胶等。废钯/炭催化剂，普遍用焚烧法—残渣(水合肼、甲酸)还原—盐酸溶解杂质—加氧化剂(王水，过氧化氢等)溶解钯，再提纯。还可用烧碱浸出、加压酸浸、氯化(氟化)挥发法等。对 Al_2O_3 负载催化剂回收，应用最多是焙烧—浸出法和升华法。

4)化学工业中以铑为主的多为均相催化剂，越来越多的企业采用液—液萃取。丙烯生产正丁醛工艺中用的一氯三苯膦铑，以王水溶解、离子交换回收铑，回收率＞97%。废铑残液焚烧—铑液制备—净化提纯—精制—铑粉—铑催化剂，铑回收率＞97%。酸溶法直接将有机废铑催化剂转变为无机铑盐的回收方法也引起注意。

5)电子、电器废料中铂族金属的回收，国内中、小企业及个体户回收工艺一般是：将拆解后的废电子元器件焙烧-硝酸或王水溶解-氯化铵沉淀、水溶解、氨水络合、水合肼还原产出粗钯或粗铂(含量仅约90%)。主要问题是：焙烧时产生的烟气损害操作工人及附近居民的身体健康；溶解烧渣时产生 NO、NO_x 等气体污染空气；产出的钯，铂的品位低，需送精炼厂提纯。科技部2008年的“电子废弃物——废线路板的全组分高值化清洁利用关键技术和工程示范”项目，已进入工程化阶段，工艺为：拆解、分类—密闭回转炉焚烧—阳极炉熔炼—阳极板电解—阳极泥回收贵金属。

3. 铂族金属精炼

高锍经贵贱金属分离获得贵金属富集物(精矿),去除残留贱金属、进行贵金属相互分离和精炼,获得符合需求的产品。由于数量少,工艺复杂、技术密集,大都集中在技术力量雄厚、设备先进的精炼厂(车间)进行。

贵贱金属进一步分离,目前多采用硫酸介质中加压氧化浸出和氯化物介质中控制电位选择性氯化,富集铂族金属并与主流程分离、单独处理。

铂族金属的相互分离和纯制,传统的沉淀、溶解已逐步被溶剂萃取分离所取代。萃取工艺流程简化、过程连续、易自动化,选择性、产品纯度、直收率高,改善环境、提高工效,降低生产成本。我国金川有色金属公司也采用萃取工艺流程进行贵金属生产,基本工艺为:合金氯气或加压浸出—氧化蒸馏、吸收液回收锇、钌—DBC 萃金—S_{201} 萃钯—S_{235} 萃铂—S_{204} 萃除贱金属—TBPO 萃取分离铑、铱,与已公布的国外工艺相比有所改进。但溶剂萃取工艺还存在下列不足:钯的萃取动力学速度慢,接触时间长,过程不连续(金川工艺已改进);各金属萃取之间需调整料液组成以适应萃取体系的要求;对不同金属使用不同萃取剂(选择性萃取),因而萃取剂种类较多;流程需要的步骤较多。新发展有:分子识别技术(MRT),选择性高、生产周期短、成本低、操作简单、分子识别材料可反复使用,已开始在铂族金属分离提纯中应用;气相处理回收法,其中和 Mg、Ca 等活性金属蒸汽反应后,使 Pt、Rh 王水溶解效率飞跃提高的技术已经实用化;铂族金属精炼技术近年变化不大。铂、钯仍以典型工艺为主,采用萃取分离的则用萃取、离子交换直接获得纯产品;锇、钌主要用蒸馏法纯制;铑、铱因用传统工艺精制困难,已越来越多地采用萃取法。国内在萃取分离、精炼方面进行了大量研究工作。

我国铂族金属冶金工程技术学科发展的问题和对策:①我国铂族金属矿产资源匮乏,应加大投资,在有希望地区积极勘探,争取找到更多的可用资源;②继续应用先进技术尽量提高金川等已开发资源的选矿和冶金综合回收率,继续抓紧做好云南金宝山铂钯矿的开发准备;③继续加强二次贵金属资源回收技术的研究,以不断提高回收的广度和深度。

三、有色金属冶金工程技术学科国内外比较分析

有色金属冶金工程技术学科是 64 种有色金属矿物加工工程技术学科,属于过程工程技术领域。64 种有色金属都需要从其矿物中通过冶金工艺使其成为金属或化合物,所以有色金属工业生产工艺繁杂,耗能高,易污染。在经过几十年的原始创新、集成创新和引进消化再创新,我国有色金属冶金工程学科发展迅速,有力地支撑了生产的发展,我国有色金属工业总体技术水平已跃居世界前列。

(一)我国已成为有色金属生产和消费大国,总产量和主要金属产量已连续多年世界第一

从 21 世纪以来有色金属产量迅速增加,2010 年 10 种常用有色金属产量 3135 万 t,是 2001 年 883.7 万 t 的 3.5 倍,并且已经连续 9 年位居世界第一,已成为全球最大的有色金属生产和消费国。2010 年,中国精炼铜、原铝、铅、锌产量分别占全球产量的 24.0%、

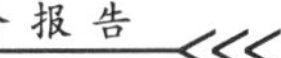

35.44%、44.59%、40.44%，其消费量分别占全球消费量的38.33%、37.07%、45.03%、42.88%；精炼铜、原铝、铅、锌等主要有色金属生产和消费量均居世界第一位。中国钨、钼、锡、锑、稀土等稀有金属产量稳居世界第一位，其消费量也跃升世界第一位。

(二)我国有色金属冶金工程技术水平总体上已经达到国际先进，局部技术达到国际领先，一些方面还落后于国际先进水平

1. 轻金属冶金工程技术学科

1)我国铝电解冶金整体技术国际领先。

大型预焙槽技术世界领先：已全部淘汰落后的自焙槽技术，是国际上唯一全部使用先进的预焙槽技术生产铝的国家；已形成包括400kA在内的各种电流等级预焙槽的系列化设计和生产，目前世界最大的500kA级电解槽生产系列最近已建成并投产，600kA级特大型预焙槽技术也正在研究开发中。2012年还将在世界上首次淘汰全部160kA以下级别的小型预焙槽，成为世界上第一个全部采用大型预焙槽生产原铝的国家。

我国铝电解节能技术世界领先：近几年研究开发成功的新型导流结构电解槽、异型阴极结构电解槽技术以及铝电解槽控制技术，均是具有自主知识产权的国际首创。2009年我国铝电解生产平均综合交流电耗即达到14171kW·h/t铝，明显优于国际铝协要求2010年达到14600kW·h/t铝的指标。

但是，我国铝电解工业与国际同行相比还存在某些不足和差距，如电解槽设计的电流密度、电解生产的电流效率、输变电系统的整流效率等都还低于国际先进水平，电解槽内衬和阴阳极质量还不稳定，生产辅助设施不十分完善，铝的再生循环利用技术水平与国际先进差距还较大等。特别是随着当今世界能源紧缺和价格不断攀升，耗能高的铝电解工业将面临越来越严重的能源和成本的制约。因此，加快已开发成功的具有新型结构的高效节能电解槽技术的全面推广应用，以提高电流密度和电流效率为日标大力优化铝电解工艺过程，进一步开发更加优质节能的铝电解阴阳极材料和内衬材料，努力探索研究低温电解、惰性阳极和热法炼铝等新技术，是铝电解冶金工程技术学科保证我国铝电解工业未来可持续发展的主要任务。

2)我国氧化铝生产整体技术已经达到国际先进水平，已经形成一整套具有国际领先水平的利用一水硬铝石矿原料生产氧化铝的完整工艺技术装备体系。我国也已成为世界上唯一的主要处理中低品位铝土矿生产氧化铝的国家，并且各项主要技术经济指标具有一定的竞争力。但是，因为国内铝土矿原料质量持续快速下降和原燃料价格的攀升，氧化铝企业的能耗和成本逐步升高，国际市场竞争力下降，我国氧化铝工业的健康发展面临重大挑战。

我国氧化铝工业技术与国外同行相比，存在的主要差距仍然是能耗高。能耗高的主要原因是因为铝土矿品位低造成生产流程长、效率低，甚至不得不部分采用高能耗的烧结法。为此，氧化铝工程学科在未来的发展中，应以节能减排为中心，进一步深入研究中低品位一水硬铝石矿在氧化铝生产过程中的各种反应行为，大力开发应用低能耗、高效率的生产流程和新工艺技术，如湿法串联新工艺、干法烧结工艺、赤泥的高效无害化堆存技术，全面推广应用高循环效率的强化拜耳法节能技术、粗液合流以及余热回收利用和后增浓

技术，积极探索研究处理高硫矿的新工艺和赤泥的资源化利用技术。大力创新针对我国铝土矿资源特点的优于国外的新流程、新工艺技术，提高我国氧化铝工业的核心竞争力，保证我国氧化铝工业的可持续发展，是氧化铝冶金技术学科的重大责任和首要任务。

3）我国镁冶金工程技术学科发展与国际同行相比，以改进的皮江法技术为主体的镁冶炼技术已经处于国际领先水平，但还需进一步提高环境保护和自动化装备水平；电解法技术还落后于国际先进，特别是盐湖镁资源的开发利用水平差距更大；镁合金冶炼技术与国际先进尚有差距，但镁合金应用技术已基本达到国际先进水平。因此，今后镁冶金工程技术学科的发展方向和重点是：继续开展降低镁冶炼能耗和减轻污染技术的研究，加快盐湖镁资源开发利用技术的研究，进一步深入研究改进镁合金抗腐蚀性和压延性的新技术，加快镁合金应用技术推广应用的力度，为我国从原镁生产大国转变为镁工业技术强国提供强有力的技术支撑。

2. 重金属冶金工程技术学科

1）我国铜冶炼的主要技术已经达到世界先进水平，但是还有许多差距和不足，还有需要努力创新的技术问题。首先是全国总的技术水平不平衡，还有一些中小企业，特别是大部分废杂铜冶炼企业，至今尚在使用传统的工艺和装备，还处于高能耗、高污染的落后状态；其次堆浸湿法技术还远落后于国外先进；第三是已经用于生产的先进技术装备也需要改进和提高，例如冶炼炉关键部位的耐火材料和氧气喷枪使用寿命还低于国际先进；第四是还有一些需要继续创新的技术问题，例如，低浓度二氧化硫的回收利用，进一步节能降耗等。因此，加快先进技术装备向中小企业的推广应用，进一步提高已有先进技术装备的水平，进一步深入开展更高水平的创新，是铜冶金工程技术学科今后发展的方向和任务。

2）铅冶炼技术已经达到国际先进水平，部分技术已经达到国际领先。我国铅冶金技术是在国内多年研究的水口山底吹炼铅技术的技术原型基础上，逐步研发成功具有我国自主知识产权的氧气底吹炼铅技术。先是 21 世纪初的氧气底吹吹炼—鼓风炉还原工艺，由于工艺简短、技术经济指标先进、适合已有企业的技术改造，所以很快在全国得到大面积推广。而后，21 世纪以来，针对该工艺的不足，又继续研究开发成功氧气底吹吹炼—底吹炉还原（或侧吹炉还原），于 2008 年投产成功，2009 年正式投入生产运行。该新技术工艺流程简短连续，技术经济指标优于国际先进，生产过程无气、液泄露，环境保护好。

3）锌冶炼技术与国际先进技术水平基本相当。我国锌冶炼技术主要是湿法工艺，火法较少。技术的发展始终是自主研究和部分引进相结合。21 世纪以来冶炼技术发展较快。首先，自主研究成功加压氧浸和硫化锌精矿与氧化锌矿的联合浸出等新工艺技术，并于近两年在国内得到较快的推广；其次，是引进了常压氧浸技术，并已投产。这些技术的发展，使我国锌冶炼技术整体技术达到国际先进，其中某些方面还优于国际先进。

4）镍、钴、锡、锑、铋等金属的冶炼技术也基本达到国际先进水平，某些方面领先于国际先进水平。我国镍、钴主要是从金川镍钴矿中冶炼得到，由于金川矿是复杂得多金属矿，所以不能用国外现成的冶金工艺技术，除了引进一些通用设备外，主要的技术均需要自主研究开发，先进高效的镍合成炉就是我国自行开发的国际领先技术。锡、锑、铋都是我国具有优势资源的产业，生产技术一直处于国际先进水平，近两年除云锡引进奥斯麦特技术并进行改进外，其他都没有新的发展。

3. 稀有金属冶金工程技术学科

稀有金属是高新技术和国防军工发展不可缺少的战略原材料，我国稀有金属产品齐全，总体产量居世界前列，总体技术水平也居国际先进。我国稀有金属发展大致可分两类：一类是我国具有优势资源的金属，如钨、钼、稀土、钛、铟；另一类是随当今高新技术发展而急需发展的战略金属，如硅、锂、铷、铯、锆、铪、钽、铌、镓等。

前一类金属因为是我国的优势资源，又是世界高新技术发展的重要原材料，所以国家重视，国际关注，产品在国际市场上占据主导地位，技术在国际上居先进或领先地位，如稀土、钨。后一类金属虽然我国资源不十分丰富，但由于是高新技术发展必不可少的急需原料，所以发展也很迅速，冶金技术基本上也都达到国际先进水平。

我国稀有金属与国际的差距，主要是在它们的高级合金材料和新应用产品的研发和生产。现在国际上大部分稀有金属材料我国都能生产，有些生产技术高，产品质量好，但是有些深加工产品技术还跟不上国际先进技术发展，特别是由我国原始创新的技术和产品远远落后于国际先进国家，所以要加大技术创新力度，争取赶上国际先进技术的发展。

4. 贵金属冶金工程技术学科

生产和技术状况与稀有金属基本相似。我国金、银资源和产量都较丰富，冶金技术也与国际先进水平相当。铂族金属随着当前高新技术的高速发展，需求量与日俱增，但我国资源缺乏，仅伴生在金川复杂的镍多金属共生矿中，其他资源少、贫、杂，需求与资源的矛盾，迫使我国冶金科技工作者研究从复杂的贫杂矿物中提取铂族金属的技术，经过多年的研究，从金川矿中回收铂族金属的技术不断提高，研究成功了国外所没有的独有技术，目前回收和分离总体技术都已达到国际先进水平。

5. 二次有色金属的回收技术

二次金属即废旧金属的回收利用是有色金属工业可持续发展的重要支撑。我国二次金属回收利用已经受到越来越大的重视，回收利用的数量逐年增加，回收利用的技术和装备不断提高，特别是分散度极高的电器元器件中的稀有金属和贵金属回收技术得到突破，回收利用量越来越多。二次金属回收整体技术与国际先进稍有差距。

四、学科发展趋势及展望

当前，阻碍我国有色金属工业可持续发展的瓶颈是资源、能源和环境。因为有色金属工业是过程工业，是矿物加工工业。矿物加工的属性决定了有色金属工业是资源高消耗，能源高消耗和易污染环境的工业。近年来，世界矿产资源的快速消耗、能源的日益短缺和国际对环境保护的严格要求，致使未来有色金属工业的发展面临着越来越大的困难。科技是国民经济发展的支撑，也是我国有色金属工业摆脱发展困境的支撑。所以，我国有色金属工业的可持续发展必须建立在依靠科技进步的基础上。“十二五”是我国有色金属工业可持续发展的关键时期，有色金属冶金工程技术学科面临着支撑有色金属工业可持续发展的重任。在“十二五”期间行业科技发展的主要方向和任务是：紧紧围绕现有发展瓶颈，研究开发可以充分综合利用矿产资源、高效节能、绿色环保、低成本的各种冶金新工艺、新技术和新装备；紧紧围绕有色金属工业的结构调整，研究有色金属应用新技术、开发新产品、开拓新产业。为我国在 2020 年发展成为有色金属工业强国打下技术和物质基础。

有色金属冶金工程技术学科各子学科“十二五”的发展方向和重点如下。

1. 轻金属冶金工程技术学科

研究低品位铝土矿生产氧化铝的高效低成本新工艺和调整氧化铝产业结构、产品结构的新技术；加快铝电解高效节能的异型阴极、导流槽等新技术的推广应用，深入开展铝电解新型结构阳极和节能型新槽型的研究；进一步深入研究赤泥和电解槽固体废料的综合回收和无害化处理；进一步研究清洁节能的镁冶炼新技术、新工艺和新设备，争取突破阻碍镁应用的技术关键以扩大镁的应用范围。

2. 重金属冶金工程技术学科

加快已研究成功的底吹等高效节能绿色新工艺技术的应用推广，加快短流程新技术的研究步伐，进一步推广和研究重金属冶炼废水、废渣的综合利用和无害化处理，进一步深入研究低浓度 SO_2 的回收利用技术，进一步开展重金属应用产品的研究和开发。

3. 稀有金属冶金工程技术学科和贵金属冶金工程技术学科

进一步深入研究低品位、难处理共生矿的综合回收技术，研究冶金高效、节能、绿色新工艺、新技术和新设备，研发稀有金属和贵金属在高新技术领域应用的新技术和新产品，研究二次资源回收利用的新工艺和新技术。

总之，提高资源利用水平，高效节能减排，开发应用新技术新产品是有色金属“十二五”科技发展的主要任务。现在我国有色金属主要金属品种的冶金技术已基本上达到国际先进水平，如果要继续前进就必须跨越国际先进去攀登新的技术高峰，也就是要在现有技术的基础上进行更深入更艰难的技术创新。因此，我们一定要本着科技创新的精神去完成“十二五”和未来行业科技发展赋予我们的历史任务，用科技创新的实际行动为我国有色金属工业的可持续发展作出新的贡献。

参考文献

[1] 中国有色金属工业协会. 中国有色金属工业发展报告(2005—2010).

[2] 中国有色金属工业协会. 中国有色金属工业年鉴 (2005—2010).

[3] 康义，等. 中国有色金属工业改革开放 30 年. 长沙：中南大学出版社，2009.

[4] 康义，等. 新中国有色金属工业 60 年. 长沙：中南大学出版社，2009.

撰稿人：钮因健　张洪国

专题报告

重有色金属冶金工程技术学科研究进展

一、引言

重有色金属顾名思义是有色金属中比重较大的一类金属，它们大部分是常用有色金属。本报告仅对用量大、应用广和属于我国优势资源的重要重有色金属进行总结和叙述，包括：铜、铅、锌、镍、钴、锡、锑、铋。我国铜、铅、锌、锡、锑、铋产量已多年居世界第一。

21 世纪以来，随着我国国民经济的快速发展，作为支撑经济发展的重金属冶金工程技术学科也得到相应的高速发展。重有色金属年年以超过国民经济平均增长的速度攀升，支撑其发展的科学技术也得到令人瞩目的发展，开始扭转了主要技术装备发展长期跟踪国外、依赖进口的被动局面。我国自主研究开发的氧气底吹炼铅技术全面推广应用及近两年进一步研究成功的双底吹连续熔炼和底吹侧吹连续熔炼技术使我国炼铅技术达到了国际领先水平；铜冶炼技术通过引进消化，开发出一批自有专利技术，把原引进的闪速炉技术和奥斯曼特（艾萨）炉技术提高到一个新的水平，2011 年自主研发成功的底吹炼铜技术是我国独创的先进技术，使我国的铜冶炼技术达到国际先进水平；自主研究的氧气加压浸出技术和大极板电解技术等的研究和应用，使我国锌冶炼技术达到国际先进水平。我国重有色冶金技术已随工程承包出口国外建厂。

但是，未来我国重有色金属的发展将受到资源、能源和环境的严重制约。我国重有色金属资源大部分并不贫乏，但由于金属产量节节攀升，矿产资源连年大量采挖，现存资源已不能满足或远不能满足金属生产的需求。特别是铜资源严重短缺，需要大量从国外进口，镍、钴（尤其是钴）资源本来就缺乏，铅、锌近年短缺也日益严重。锡、锑、铋我国虽仍可保持优势资源的地位，但易采选冶的优质资源已日趋减少，给生产带来了越来越多的困难。重有色金属冶金由于目前仍以能耗高的火法冶炼为主要生产工艺，所以受到我国能源短缺大环境的影响也将越来越严重。重有色金属污染是国家环境治理的重要对象，严格治理大江大河的重金属污染以及血铅问题等重大举措，必将迫使重有色金属生产企业采取优化生产工艺防止三废排放的技术措施。重有色金属的发展将面临十分严峻的形势和挑战，这就要求重有色金属冶金工程技术学科进一步加强创新技术的研究和开发，为企业提供新的更强大的技术支撑，以保证重有色金属工业的可持续发展。

下面针对各金属具体发展情况分别对其技术进展、国内外比较和发展方向进行叙述。

二、重有色金属冶金工程技术学科的新进展

(一)铜冶金工程技术学科新进展

1. 概述

中国是世界上最大的产铜国,也是世界上最大的铜消费国。2010 年消耗铜 680 万 t,年产精铜 457.3 万 t,国内矿产精炼铜 284.58 万 t ,进口铜精矿约 300 万 t。

铜是我国生产应用最早的金属之一,已有几千年历史。但是我国铜冶炼工业技术长期落后,只是到近 30 年才有了新的快速发展。由于中国铜的产量大,冶炼厂数量多,改革开放之后,纷纷根据各自的需要引进国外先进工艺技术,从而使我国成为世界各种炼铜方法的“展览馆”。

21 世纪以来,传统的落后的炼铜方法,密闭鼓风炉熔炼、反射炉熔炼和电炉熔炼等已被逐渐淘汰。新的炼铜工艺共同的特点是氧气强化熔炼,其效果是反应速度快,生产能力大,消耗燃料少,烟气量少而 SO_2 浓度高,有利于烟气制硫酸,有效提高了硫的利用率,显著减少了 SO_2 排放,从而实现了节能减排的目的。

新的炼铜工艺分闪速熔炼和熔池熔炼两大类。前者是将精矿深度干燥后用富氧空气喷入反应空间内,在气流中进行快速反应,熔炼产物在沉淀池沉淀分离。熔池熔炼是将富氧空气喷入熔体内,与加入炉内的精矿在强烈搅拌下进行快速反应。

闪速熔炼开发的时间比较早,有奥托昆普型闪速熔炼和国际镍公司型闪速熔炼两种,奥托昆普闪速熔炼在世界上应用的比较多。1971 年我国贵溪冶炼厂率先引进奥托昆普闪速熔炼技术,1985 年投产,现经多年自主创新,已将该闪速炉的产能从一期工程 9 万 t/a 改造扩大到 30 万 t/a。20 世纪 90 年代初金川公司和铜陵金隆公司相继分别引进了闪速熔炼技术。21 世纪初山东祥光铜业公司在引进闪速熔炼技术的同时还引进了闪速吹炼技术,形成我国第一个双闪工艺,并在引进的基础上对闪速吹炼炉进行了创新,实现了自热吹炼,使其比世界第一台闪速吹炼炉——美国肯尼科特冶炼厂更先进。

富氧熔池熔炼有侧吹、顶吹、底吹三种。我国最早于 1972 年开始研究的白银炉炼铜法是一种固定式富氧侧吹熔池熔炼炉,目前,技术指标不断改进,生产能力不断扩大。20 世纪 90 年代大冶公司引进的诺兰达富氧熔池熔炼炉,是一种回转卧式圆筒炉型的富氧侧吹熔池熔炼炉,经多年技术改造后,现技术和指标都有较大进步。最近内蒙古金峯冶炼厂自主开发了一种固定式双面侧吹熔池熔炼工艺,它近似于俄罗斯的瓦纽科夫法炼铜工艺。以上三种侧吹炉型各具特色。

氧气顶吹熔炼炉都是垂直圆筒形炉,从炉子顶部插入氧枪,但炉子结构和氧枪结构各有不同。氧气顶吹熔炼炉还可以处理低品位废杂铜。氧气顶吹熔炼用于有色金属冶炼开发较晚,但在我国应用比较广泛。自 1994 年金川公司从俄罗斯引进氧气顶吹熔炼炉直接冶炼粗铜至今,先后有中条山有色金属公司和云南铜业公司分别从澳大利亚引进了澳斯麦特炉和艾萨炉,2010 年在四川会理自行设计、制造并投产了一座艾萨炉。现在我国已有七家铜镍冶炼厂成功地应用了这项技术,还有二台炉子正在建设中。此外,我国应用此

项技术还在赞比亚设计建设了一个艾萨法炼铜厂。

氧气底吹熔炼炉炼铜是中国自主开发的自热熔炼炉，炉型是回转卧式圆筒形炉，从底部送高浓度富氧空气。2005 年东营方园有色金属公司氧气底吹熔炼炉投产，规模为年产铜 10 万 t，更大规模年产 20 万 t 铜的生产线现正在设计建设中。这种炉子最大的特点是湿精矿自热熔炼（不加任何炭质燃料）目前国内已有三台炉子在生产，还有四台炉子在设计中，氧气底吹炉连续吹炼铜工艺技术也在研究中。

湿法炼铜具有生产成本低，环境好，可利用低品位铜矿资源的特点，世界主要产铜国智利有大规模生产，我国近几年也有很大的发展，技术水平已接近国际先进。虽然这些厂的规模不算大，但国内已有几十家湿法炼铜厂，总产铜量达到 15 万 t/a。

铜的电解精炼有始极片电解和永久阴极电解两种工艺。从发展看，由于不锈钢永久阴极电解具有生产能力大、阴极铜质量好、生产成本低等优点，已逐步取代始级片电解工艺。21 世纪初我国贵溪冶炼厂首先改用永久阴极电解代替始极片电解，现在全国已有三家用了这种电解法，今后还会不断增加。

我国目前铜冶炼综合能耗已从 2006 年的 780kg 标煤/t 降到 2010 年的 360.27kg 标煤/t。

近年来，我国铜冶金技术已出口到巴基斯坦、伊朗、赞比亚等国。

2. 铜火法冶炼技术新进展

(1)闪速吹炼自热的改进

闪速熔炼最新的进展是用富氧闪速吹炼代替传统的 P—S 转炉吹炼，炉子密封好、产出的烟气 SO_2 浓度高，有利于制酸，还改善了操作环境。闪速炉是一种高效强化的冶金炉，其最大的优点是充分利用炉料的巨大比表面。炉料进入炉内后，以高度悬浮状态与氧接触，在 2 秒内完成各种反应，反应放出的热量非常大，这是闪速炉实现自热冶炼的基础。影响闪速炉自热冶炼的主要因素有富氧浓度、冰铜品位、烟尘率、炉料 S/Cu、投料量等。由闪速熔炼和闪速吹炼构成的“双闪”炉，首先应用于美国肯尼科特冶炼厂，闪速熔炼炉实现了自热熔炼，但闪速吹炼炉还需要补充天然气，并没有完全达到自热吹炼。祥光铜业是世界上第二个应用双闪技术，他们在运用中自主研发了“双闪”炉冶金数模，并用此数模对影响自热冶炼的各种参数进行组合运算，从中找出自热冶炼的最佳控制参数，经过 1 年多的工业试验，对“双闪”炉工艺条件和参数不断优化，解决了闪速吹炼炉的自热技术关键，实现了“双闪”炉的完全自热，从而超越了美国肯尼科特冶炼厂，推动双闪炼铜技术进一步发展。

(2)氧气顶吹熔炼在我国铜镍冶炼的发展和创新

我国在应用和实施氧气顶吹熔炼技术过程中，通过对各种炉型的深入研究，改进完善了原有技术装备，同时还研究开发了一批具有我国自主知识产权的创新技术成果，从而为这项技术在世界有色金属冶炼领域的推广应用作出了重要贡献，并且对我国有色金属工业的发展，环境保护的改善，节能降耗起了很大的作用。富氧浸没式喷枪顶吹（氧气顶吹）熔炼炉有两种炉型，一种是澳斯麦特炉，一种是艾萨炉。这两种炉型原则上是一样的，只是枪的结构、炉子结构和生产操作上略有不同。

2002 年，云南铜业公司引进艾萨炉，投产后生产一直很顺利，各项技术经济指标优于

1992 年在国外投产的第一台艾萨炼铜炉。云冶的艾萨炉直径扩大到 φ4.4m，高 14.7m，年处理精矿量 80 万 t，节能效果很好，炉衬寿命 2 年以上，弃渣含 Cu 0.65%。

1999 年，中条山有色金属公司从澳大利亚引进澳斯麦特炉，由于澳斯麦特公司是一家科研单位，工程化技术不完善，生产初期遇到了不少问题，经中条山公司的努力，对原有技术装备作了很多创新，终于在世界上首次开发成功双澳斯麦特炉炼铜技术，为该项技术发展作出了重要贡献。该项目于 2005 年投产，现正常稳定生产。

2008 年世界上最大的澳斯麦特炉在金川公司建成投产，处理硫化铜镍精矿，小时处理精矿量＞150t，年处理精矿量 100 万 t，喷入富氧空气 $60000m^3/h$（含 O_2 60%）。该熔炼炉的重要创新是熔炼炉和回收烟气余热的余热锅炉连成一体，熔炼炉的炉顶和烟道就是余热锅炉的一个组成部分，余热锅炉产高压蒸汽量 120t/h，每年由锅炉回收的余热能节约标准煤 92500t。该熔炼炉另一个重要特点是，由于熔炼含 MgO10% 的高熔点精矿，熔炼温度要比一般熔炼铜精矿高 150℃，炉壁设有强化冷却的铜水套。

2010 年，四川凉山自治州会理县铜冶炼厂的澳斯麦特炉投产，此项目从设计、设备制造到投产指导全部实现国产化。该炉具有以下特点：①弃渣含 Cu 低，熔炼渣经电炉沉降后再选矿回收铜，使弃渣含 Cu 降到 0.3%～0.4%，全厂铜的实收率提高 1 个百分点；②尾气 SO_2 浓度低，冶炼烟气经过双转双吸制酸以后再经过 SO_2 吸收，实际排放的尾气 SO_2 浓度在 $200mg/m^3$ 以下，远低于现行国家排放标准。③无污水排放，工厂污酸及污水经过三道处理，实现了污水零排放；④能耗低，除艾萨炉转炉设置余热锅炉回收烟气余热外，氧气站设置了最新的内压缩深冷制氧机，氧气电耗低。首次用当地烟煤作原料采用两段煤气发生炉生产热煤气，用低浓度富氧空气燃烧煤气达到火法精炼需要的高温。

(3)氧气底吹炼铜的技术进展

氧气底吹熔炼技术是由中国有色工程设计研究总院和湖南水口山有色金属有限公司共同开发的具有自主知识产权的新一代熔池强化熔炼技术。该技术最先应用于铅冶炼，并取得重大成功。该技术用于铜冶炼是始于 20 世纪 90 年代初，当时在水口山氧气底吹炼铅试验装置上进行了 3000t 粗铜/a 的半工业化试验，取得了预期效果，申请了国家发明专利“底吹熔池炼铜法及其装置”。底吹炼铜的工艺流程为“底吹熔炼—铜锍吹炼—粗铜火法精炼—熔炼渣及吹炼渣选矿”，该工艺流程最大特点是铜回收率高（＞98.5%），经济效益好。底吹炼铜另一工艺流程为“底吹熔炼—沉降电炉—铜锍吹炼—粗铜火法精炼”，此工艺流程主要适用于技术改造并受场地限制的项目。

富氧底吹熔池熔炼技术有如下特点：①原料适应性好，可以处理各种复杂（金）铜物料；②备料简单，不用干燥和制粒；③操作安全，氧从炉体底部进入铜锍层，不易形成泡沫渣；④氧枪及炉体寿命长，氧枪头部形成“蘑菇头”保护层；⑤氧枪压力高（0.4～0.6MPa），无捅风眼作业；⑥渣中 Fe/SiO_2（1.6～2.2）高，熔剂消耗少，渣量少；⑦完全自热熔炼，富氧浓度高（O_2 75%），不需外补热；⑧节能效果好，阳极铜能耗 182kgce/t；⑨金属回收率高，Cu＞98.5%，渣尾矿含 Cu＜0.35%；⑩投资省、运行成本低；⑪规模可大可小。

该项技术由中国恩菲工程公司于 2002 年首次用于越南生权大龙冶炼厂年产铜 1 万 t 工程。第一个采用氧气底吹炼铜技术的“大型化”工程为山东东营方圆有色金属公司。2005 年，东营方圆有色金属有限公司采用氧气底吹熔炼技术建设一个年处理能力为 38

万 t 铜金精矿的工业化生产系统，底吹炉规格为 ϕ4.4m×16.5m，9 根氧枪，氧枪规格为 ϕ48～60mm。经过两年多的建设，该工程于 2008 年 12 月 16 日正式投产，投产后底吹炉运行平稳，取得了比预想还要好的结果。该项目经过部分工艺改进和完善后，年处理铜精矿能力已达到 50 万 t。目前应用该技术正在设计的还有东营二期年 100 万 t 多金属矿、中条山垣曲冶炼厂年 50 万 t 多金属矿，以及湖南宝山、水口山、西部矿业和云铜易门等项目。

3. 铜湿法炼技术新进展

湿法炼铜具有生产成本低、环境友好，可利用低品位资源等特点，从 20 世纪八九十年代开始，主要产铜国，如智利等已实现大规模生产。我国湿法炼铜起步不晚，1983 年海南省昌江县就建立了首家采用浸出—萃取—电积技术、规模只有 100t/a 阴极铜的湿法炼铜厂。经 20 多年发展，至今国内湿法炼铜厂已有几十家，但规模都不大，总产量只有 15 万 t/a。处理的原料有氧化铜矿、硫化铜矿、铜钴矿、铜金精矿等。近年来技术上有较大进步，已接近国际先进水平，并开始输出技术到国外建设大规模湿法铜钴冶炼厂。目前我国具代表性的技术有如下几类：

(1)氧化铜矿浸出—萃取—电积技术

1)云南省氧化铜矿较多，适合中小企业开采，加之湿法炼铜投资省、成本低、无规模限制，由此在近十多年间建了大小湿法炼铜厂几十家，普遍采用堆浸或搅拌浸出—萃取—电积技术，规模稍大的有：云南铜业公司属下的羊拉铜矿 3000t/a；京沟铜矿 3000t/a；大姚铜矿本部 2000t/a；永平铜矿 2000t/a 等。

2)黑龙江省多宝山铜矿的上部氧化矿，采用堆浸—萃取—电积技术，于 2008 年建成投产 3000t/a 阴极铜厂。

3)西藏尼木铜矿，采用氧化矿堆浸—萃取—电积技术，于 2006 年建成投产 1000t/a 阴极铜厂，现决定冉扩建 5000t/a。

4)西藏玉龙铜矿，采用氧化矿堆浸—萃取—电积技术，于 2008 年建成 1 万 t/a 阴极铜厂(因工艺及矿堆渗漏等问题，现堆浸改为搅拌浸出)。

(2)氧化铜矿地下溶浸技术

中条山有色金属公司，采用地下溶浸—萃取—电积技术，处理矿坑采区上部的和塌陷区的氧化铜矿，于 1997 年建成一座 500t/a 阴极铜的试验厂，后来又扩建了一座 1500t/a 的大厂，已成功运营 10 多年，为地下溶浸技术和萃取设备大型化积累了经验。溶液的处理能力达到 4000m^3/d。

地下溶浸技术不需要把矿石开采出来，不产生废渣，不破坏植被和生态，对那些已经采完了硫化矿而上部留存的氧化矿以及品位低而不易于开采的氧化矿体具有现实意义。但对于矿体的岩石力学、矿山工程地质、水文地质有一定的要求，矿石崩落、矿体就地松动、先把浸出剂分布到矿体再把浸出液最大限度收回来，远比地上复杂得多，尤其不能对地下水系造成污染。

(3)硫化铜矿细菌堆浸—萃取—电积技术

1)德兴铜矿废石含 Cu 0.09～0.12%，其中原生黄铜矿占 90%以上，很难浸出，经“六五”、“九五”科技攻关，于 1997 年建成投产细菌堆浸—萃取—电积厂，生产能力 2000t/a

阴极铜，已经运行 13 年。项目的主要技术点：萃取箱设计能力 $312m^3/h$，2005 年改为并串联后，能力达到 $640m^3/h$；国内首家使用大永久阴极板电积、渗析膜技术从开路电贫液中回收酸。13 年生产数据统计，铜的浸出率达到约 20%、产品质量保持高纯阴极铜。

当地年均降雨 1800mm，年均蒸发 1200mm。由于清浊分流设计合理，堆浸厂投产后，矿山酸性废水处理量减少了 50%。

2)紫金矿业湿法铜厂，辉铜矿铜品位 0.4%，采用细菌堆浸—萃取—电积工艺，于 2005 年建成投产 1.3 万 t/a 阴极铜厂。已经运行 5 年，铜的浸出率约 80%。项目的主要技术特点：国内首次采用串—并联结构的大型萃取箱，混合室尺寸：2.8m×2.8m×2.8m（双室），料液流量 $800m^3/h$；首次在混合室中使用电导仪检测相连续。

该项目的投产说明我国辉铜矿的细菌浸出及萃取技术的规模已接近国际同类水平

(4)高碱性脉石氧化铜矿氨浸—萃取—电积技术

云南铜业公司属下的原东川矿务局，采用氨浸—萃取—电积技术，从含 CaO＋MgO ＞10%的高碱性脉石氧化铜矿中提取铜，在“九五”期间建了一座 500t/a 阴极铜示范厂，后来云南铜业公司将其扩大到 3000t/a。技术的主要特点和创新点在于：

1)采用氨性溶液浸出矿石，解决了氨浸过程中氨的回收、氨的计量、设备的密封等一系列问题；

2)萃取在氨性介质中进行，电积在硫酸介质中进行，提出了氨对萃取—电积过程的影响及消除办法，解决了氨性萃取体系向硫酸盐电积体系转变的关键技术。

(5)从铜金精矿中湿法提取铜技术

铜金精矿经过硫酸化焙烧，焙砂浸出液采用萃取—电积回收铜，浸铜渣再氰化回收 Au、Ag，这个工艺是中国的创新技术，为处理高铜金精矿开辟了一条新的途径。

由于易处理的金矿资源日益减少，黄金冶炼厂原料竞争激烈，而含杂质高的、难处理的复杂金精矿还有一定的来源，在焙烧工艺中每吨阴极铜的成本不到 1 万元，为工厂取得了良好的经济效益，因此一些黄金冶炼厂纷纷扩大了自己铜的生产能力，如中原黄金冶炼厂、灵宝黄金冶炼厂都把铜的生产能力扩大到了 1.5 万 t/a。全国黄金冶炼厂的阴极铜产量已经超过 5 万 t/a。

(6)从铜钴矿中湿法提取铜技术

中国现在有几十座钴厂多以刚果(金)的铜钴矿为原料，采用硫酸浸出，使 Cu、Co 进入溶液中，然后采用萃取—电积生产阴极铜，P204—P507 萃取净化分离得到钴产品。每个厂都有自己的独到之处，如某厂的浸出液中铜浓度高达 45g/L 时，萃余液含铜可在 3g/L 以下。该技术应该是中国的创新，具有世界领先水平。

(7)我国开始在海外建设湿法炼铜厂

我国铜资源短缺，无法满足国民经济快速增长对铜的需求，国家号召有实力的企业“走出去”建立海外原料基地或冶炼厂，缓解国内不断增长的铜需求。

2006 年中国有色矿业集团在赞比亚谦比锡铜矿建成投产 5000t/a 湿法炼铜厂，实际产量可达 8000t/a 阴极铜。2010 年，集团又收购了赞比亚卢安夏铜矿，矿山采、选已恢复生产，4 万 t/a 湿法炼铜厂正在建设中。

2010 年万宝矿产公司入股缅甸蒙育瓦铜矿，10 万 t/a 湿法炼铜厂在筹建中。

我国在刚果(金)有几个大型湿法炼铜厂正在筹建中:绿砂矿 2.5 万 t/a 阴极铜;MKM 矿 2.5 万 t/a 阴极铜;SICOMINES 矿 10 万 t/a 阴极铜。由中铁集团公司控股、与刚果(金)国家矿业公司使用在刚果建设的 1 万 t/a 湿法炼铜厂,2010 年 6 月已投产。

近几年湿法炼铜技术在我国得到了快速发展,但同时也出现了个别企业的水环境污染事故以及由于工艺设计不当而造成的损失,这些教训值得重视,加以改进。综上所述,经过二十几年的发展,中国湿法炼铜的技术水平已基本赶上世界同类技术进步的步伐,工艺和设备大型化的关键技术已经突破,随着中国进军海外步伐的加快,预计 2015 年中国湿法铜的产量将达到 25 万 t/a

4. 低品位废杂铜回收工艺的研究

废杂铜即二次铜资源的回收再生利用深受各国重视。近年来世界废杂铜回收量已占当年总消耗量的 40%左右。当前我国废杂铜回收量低于国际水平,约占年消耗铜量的 30%,随着工业的发展,这个比例还会增加。废杂铜的种类分成以下几类:

1)1# 杂铜含 Cu 98%~99.5%,这类高品位废杂铜可以直接送加工厂生产铜杆、铜线,占废杂铜总量的 40%。

2)2# 杂铜含 Cu 93%~95%,一般进阳极炉生产阳极板,再经电介精炼,生产电解铜,占废杂铜总量的 30%。

3)低品位杂铜,包括电子元件,线路板,含焊料的电线头尾及其他低品位杂铜,平均含铜约 60%,约占废杂铜总量的 30%。其中含 Ni、Pb 和 Sn 及贵金属等有综合回收价值。另外还含有一定数量的塑料,橡胶等有机物,在燃烧时,能产生有害的二恶英,处理不当,会对环境产生污染,由于电子工业的发展,电子产品更新周期缩短,废线路板的产出越来越多,因此低品位废杂铜的处理,越来越受到国内外的重视。由于 1# 杂铜、2# 杂铜回收工艺简单,而且工艺也比较成熟,最近几年,对低品位废杂铜的回收研究较多。

传统的低品位废杂铜冶炼工艺是鼓风炉—转炉—阳极炉三段冶炼过程;多种低品位杂铜先在鼓风炉进行还原熔炼,料中的锌还原挥发成氧化锌烟尘回收,铜及铁、镍、铅、锡等杂质呈黑铜产出,其他造渣物和加入的熔剂生成弃渣。黑铜用转炉吹炼产出粗铜,铅锡等易氧化的金属氧化成吹炼渣,可以回收锡铅,粗铜再回阳极炉精炼生产阳极铜,这种工艺由于能耗高,环境差,设备陈旧而逐渐被淘汰,但其反应过程还是可取的。

国外低品位废杂铜冶炼的先进工艺有两种:一种是卡尔多炉(倾动式阳极炉)工艺。这是 20 世纪氧气顶吹熔炼问世以前代替传统工艺的唯一方法。卡尔多炉也是一种氧气顶吹炉,它在一个炉子里实现还原熔炼和吹炼两段作业,也就是一个卡尔多炉代替了鼓风炉和转炉两个炉子。这种炉子生产能力比较小,炉子结构比较复杂,炉衬寿命较短,效率比较低。另一种是 21 世纪初发展的氧气顶吹炉—阳极炉精炼工艺。它比卡尔多炉效率更高,操作过程更完善。炉子结构和冶炼铜精矿的氧气顶吹炉是相同的,只是采取间断操作,每炉分两段作业,第一段作业加入低品位废杂铜进行还原熔炼,蒸发回收锌,并熔化造渣。第一段完成后将熔渣放出,铜水留在炉子里继续氧化吹炼,使铅锡氧化成氧化渣放出回收铅锡合金,产出粗铜送阳极炉精炼。应用该新工艺的恺撒冶炼厂还有一个特点,就是顶吹炉的烟气经过余热锅炉回收余热并经布袋收尘器收尘后,再经过一道烟气处理,除去烟气中有害的二恶英,因此达到环保节能的效益。

我国低品位废杂铜冶炼总体技术还落后于国际先进。除贵溪冶炼厂引进了一套卡尔多炉和倾动式阳极炉生产线处理废杂铜以外，现有大部分废杂铜都在一些小型企业生产，技术落后能耗高，环境污染，全国有三大废杂铜集散地，即珠江三角洲，长江三角洲和环渤海地区都在筹建规模较大，技术较先进的废杂铜回收工厂。

由于我国对氧气顶吹熔炼炉，包括艾萨炉，奥斯麦特炉和金川自热炉都很有经验，通过对这三种炉型的对比分析，认识到从炉子结构和生产操作情况看，金川的自然炉是冶炼低品位废杂铜的更好炉型，因为废杂铜是粒度较粗的料，对自热炉更适用，炉子更加简单，投资更小。用金川自热式氧气顶吹炉处理低品位废杂铜的工艺国内现已开始设计。

(二)镍、钴冶金工程技术进展

1. 概况

(1)镍冶炼的技术发展概况

镍的冶炼分硫化铜镍精矿冶炼和氧化镍矿(红土矿)冶炼两大类。

硫化铜镍精矿一般是用火法冶炼生产高镍锍，再用湿法精炼处理高镍锍产出铜、镍并回收钴和贵金属。硫化铜镍精矿的火法冶炼基本与硫化铜精矿的火法冶炼相同，传统工艺也有鼓风炉、反射炉和电炉。鼓风炉和反射炉已逐渐淘汰，但是电炉还在很多工厂生产。原因是硫化铜镍矿赋存于高钙镁的超基性岩层中，矿石不易分选，选出的精矿含 MgO 高，需要用电炉高温熔炼。随着选矿技术的进步，如金川矿已能选出含 MgO 较低的精矿，可适用于先进的富氧闪速熔炼和熔池熔炼工艺。我国金川公司先后建设了一套用于炼镍的合成式闪速炉和一套用于炼铜的奥托昆普型闪速炉。2009 年金川公司又建成投产了一座世界上最大的澳斯麦特富氧顶吹熔池熔炼炉，年处理 100 万 t 硫化铜镍精矿。

高镍锍的湿法精炼有两种工艺：一种高镍锍用浮选法分离硫化镍和硫化铜，硫化铜炼铜，硫化镍直接电解产出电解镍，并在净液中回收钴，从阳极泥中回收贵金属，这种方法在金川公司经过多年生产有不少改进。另一种方法是后开发的高镍锍硫酸加压浸出，镍和钴浸出进入浸出液、铜、铁和贵金贵进入浸出渣，镍钴浸出用萃取法分离镍和钴，硫酸镍溶液经电积产出电解镍，硫酸钴溶液回收钴，此法在新疆阜康冶炼厂，吉镍公司和金川公司都有生产。

氧化镍矿(红土矿)有两种类型：一种是含 MgO 高的硅酸盐镍矿，宜于用电炉熔炼生产镍铁或镍锍；另一种是含铁高的褐铁矿型氧化镍矿，宜于湿法冶炼。这两种矿我国储量都很少，而且品位很低，最近我国进口不少氧化镍矿在国内建厂冶炼，也在国外合作建厂冶炼，技术有很大进展。电炉处理氧化矿可以生产镍铁或镍锍，镍铁直接送钢厂炼不锈钢，镍锍和硫化镍矿的镍锍湿法精炼流程是一样的。湿法处理氧化镍矿有加压酸浸和常压酸浸，加压酸浸宜于处理含铁高 MgO 低的矿石，我国正在巴布亚新几内亚建厂。常压酸浸投资较低，已在广西玉林有一工厂在生产。

(2)钴冶炼的技术发展概况

世界上最重要的钴资源是硫化铜钴矿和氧化铜钴矿，主要产在刚果(金)赞比亚，扎伊尔。其次是硫化铜镍矿和氧化镍矿含钴，主要产于澳大利亚，加拿大、俄罗斯和古巴。我国钴资源不多，主要存在于硫化铜镍矿中，甘肃金川储量最大。另外还有少量的存在于含钴黄铁矿，硫化铜矿和钴土矿中，但是这些少量的钴资源品位低，经济价值不大。

近年来，我国一些钴冶炼厂从刚果(金)、赞比亚等国进口氧化铜钴矿和钴的半产品生产钴，也有些企业去上述国家合作建厂生产钴或钴的半产品运回国内精炼。我国还进口氧化镍矿(红土矿)生产镍，同时回收钴。

随着我国有色金属冶炼整体技术的提高，我国钴的冶炼技术达到了世界先进水平。钴的回收工艺是和铜镍冶炼分不开的：

1)从硫化铜镍精矿中回收钴。硫化铜镍精矿在火法冶炼过程中，钴最后富集于高镍锍中，在高镍锍湿法精炼过程中回收钴。另一种是高镍锍用硫酸加压浸出，镍钴都进入浸出液，然后镍钴萃取分离，分离后硫酸钴溶液回收钴。

2)从进口氧化镍矿(红土矿)中回收钴。氧化镍矿有两种类型：一种为含 MgO 的硅酸镍矿，用电炉熔炼生产镍铁或镍锍，电炉炼镍铁，矿中含钴进入镍铁中，不再分离，随镍铁卖出炼不锈钢，如果电炉炼镍锍，矿石中的钴进入镍锍和硫化镍矿炼镍锍一样，钴在镍锍湿法精炼过程中回收。另一种是含铁高的褐铁矿型红土矿用湿法冶炼生产电解镍，矿中的镍钴一同浸出，浸出液萃取分离镍钴，反萃回收钴。

3)铜钴矿湿法冶炼也是一同浸出铜钴，用萃取分离钴，反萃回收钴。

我国在刚果(金)建了一个电炉处理氧化铜钴矿生产铜钴合金(又名白合金)厂，产品运回金川精炼分离铜、钴。

2. 金川合成式闪速熔炼铜、镍新进展

金川现有两套合成式闪速熔炼系统，一套用于炼镍，一套用于炼铜。金川合成式闪速熔炼炉由反应塔、沉淀池、上升烟道和贫化区四部分组成。水分低于 0.3%的干精矿与空气或富氧空气混合，并从反应塔顶部精矿喷嘴垂直喷入塔内，在高温的反应塔空间内，精矿于 2s 左右完成氧化、脱硫过程。生成的锍和炉渣在沉淀池中分离，炉渣在贫化区贫化，烟气从上升烟道排入废热锅炉及收尘系统。

(1)金川合成式闪速熔炼的进展情况

1)金川合成式闪速熔炼镍系统。

金川合成式闪速熔炼镍系统于 1992 年 10 月建成投产，原设计镍精矿处理量 350kt/a，四个精矿喷嘴。投产已近 18 年，期间于 1998 年实施了冷修。随着生产负荷的不断加大，整个系统生产能力不平衡，炉体暴露出许多问题，存在重大安全隐患。为此，2010 年 5 月停产改造，2010 年 9 月投料复产。本次改造就是充分利用现有设施和场地，解决炉体安全隐患、进一步提高炉寿命，改善系统技术经济指标，消除系统生产瓶颈，局部提升装备水平，理顺物流运输、优化系统配置。改造后镍精矿处理量 700kt/a，精矿喷嘴采用中央单喷嘴。

2)金川合成式闪速熔炼铜系统。

金川合成式闪速熔炼铜系统于 2005 年 9 月建成投产，原设计规模与 150kt/a 电铜匹配，铜精矿处理量 600kt/a，4 个精矿喷嘴。投产运行了 5 年。由于生产负荷的不断加大，2010 年 8 月停产改造，2010 年 12 月投料复产。本次改造主要是扩大产能，使生产规模与 250kt/a 电铜匹配，铜精矿处理量 1000kt/a，精矿喷嘴采用中央单喷嘴，进一步提高炉

寿命。

(2)金川合成式闪速熔炼的特点

金川合成式闪速熔炼在金川公司已有十几年的成功运行实践，该工艺具有以下特点：①工艺技术及设备成熟可靠；②熔炼过程中的化学反应主要在反应塔内的高温空间进行，反应温度高，反应速度快，熔炼强度大；③可以根据需要采用不同浓度的富氧空气熔炼，熔炼过程可以在基本自热条件下进行，燃料消耗少，并且可以采用粉煤取代燃油；④熔炼炉密闭性好，冶炼烟气二氧化硫浓度高，易于经济地处理，有利于环保；⑤装备水平和自动化水平高；⑥炉寿命长，作业率高；⑦由于要求入炉原料为粉状，并经过深度干燥，因此需要设置熔剂制备和精矿深度干燥装置，熔炼过程相对复杂，工艺流程长，投资相对高；⑧除入炉粒度外，对原料含氧化镁也有严格的要求，难于处理含氧化镁大于 7%的精矿；⑨烟尘率高，一般为 7%～10%。

(3)金川合成式闪速熔炼的比较

闪速熔炼有奥托昆普闪速熔炼、INCO 氧气闪速熔炼和合成式闪速熔炼，金川合成式闪速熔炼是奥托昆普闪速熔炼的改进型，最初是从澳大利亚西方矿业公司引进的。合成式闪速熔炉型是将闪速炉和炉渣贫化电炉合在一起，与奥托昆普闪速熔炼炉相比，具有以下优点：①反应塔的强氧化气氛会使闪速炉渣含有价金属上升，并大量以氧化态存在，需要进行还原贫化或炉渣选矿，合成式闪速熔炼炉的贫化区可以完成该过程，不需要另建炉渣贫化电炉或选矿，节约投资，同时还节约能源；②合成式闪速熔炼炉容积增大，炉渣的沉淀分离时间延长，利于机械含铜的沉淀；③由于合成式闪速熔炼炉贫化区的存在，有利于炉况的调整和控制，操作方便；④合成式闪速熔炼炉将闪速炉和炉渣贫化电炉合在一起，减少了设备数量，运行维护费用低。

3. 金川硫化镍电解及铜钴贵金属综合回收技术新进展

金川集团公司硫化镍电解自 1964 年生产出第一批电镍以来，电解镍产量于 1983 年首次突破 1 万 t/a 大关，2007 年达到了 9.6 万 t/a，累计生产电解镍近 100 万 t；2010 年对老车间进行改造后，电解镍的产量达到 11.8 万 t/a。同时综合回收了铜、钴、硫、贵金属等产品，资源综合利用效率不断提高。

(1)硫化镍电解技术的新进展。

通过近 50 年的发展，金川硫化镍电解技术进步明显，特别是近年来进行了有效的技术改造，产品质量由 2002 年以前 Ni99.90%品级率>92%提高到目前的 Ni99.96%品级率>96%，镍的金属总回收率达 99.57%，与国际同类产品相比具有较强的品质优势。

1)电解系统的改进。

工艺上选用高电流密度(220～230A/m^2)、高 pH 值(4.6～5.1)硫化镍阳极电解工艺。

提高装备水平，采用大型机械化自动化机组：①采用始极片剥离及加工机组和新型钛种板及种板生产新工艺，实现始极片工序全自动化作业，提高作业效率，降低劳动强度；②实现电镍工序全自动化作业，提高作业效率，降低劳动强度；③采用导电棒机组，并与始极片机组和电镍机组联动，实现导电棒的接收、低酸高温洗涤、转运、储存和输出；④采用阳极机组实现阳极板自动穿棒等功能，提高作业效率，降低劳动强度；⑤采用新型琉璃钢

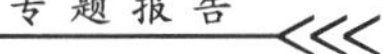

隔膜架，延长隔膜架使用寿命，避免钢衬使用过程中铁的溶解对电解液的污染。

2)电解液净化系统的改进。

电解液净化采用中和除铁—沸腾除铜—氯气除铜“三段净化”工艺：①采用大型化除铁、除钴槽，提高单槽产能；增大了管式过滤器的过滤面积，并优化内部结构，提高了过滤效率；②研究开发了管式过滤器自动控制系统，提高了自动操作水平；③增设阴极液全自动精密过滤器，提高阴极液质量和电镍质量，并利用PLC实现了过滤器全自动操作；④氯气除钴工艺中采用新型文丘里混合装置，强化氯气混合和除钴传质效果，提高了氯气利用效率；增设钴渣洗涤工序，降低钴渣含镍，提高钴渣含钴；⑤应用管式换热器代替鼠笼式盘管，提高加热效率，稳定了生产过程控制；⑥一次铁渣的处理，采用连续作业并使用机械搅拌代替压缩空气搅拌，提高生产效率，并达到降低投资和节能的效果；⑦采用在线分析检测，事先检测杂质元素含量，从而连锁控制除杂技术条件；⑧除钴过程微负压操作，设计专门的含氯尾气吸收装置，制定了新的余氯吸收工艺和吸收设备。

(2)钴回收的技术进展

金川公司钴的生产原料除自产钴渣(Co 7%～8%　Ni 25%～30%　Fe5%～8%　SO_4 20%～24%)外，还有外购的镍钴硫化物(Ni29.8%、Co20.7%、S27.6%)、粗碳酸钴(Co20%～25%　H20%～50%)、白合金(Ni3.72%、Co28%、Cu18.82%、Fe32.47%)以及水钴矿等。其中外购原料经一定的预处理过程后分别并入钴渣处理主流程。产品有电钴、精制氧化钴、钴盐及钴粉，按钴金属计其产能已达6000t/a。钴渣处理的主流程是：钴渣溶解—中和除铁—P204萃取除杂—P507萃取钴，后续过程如生产电钴则反萃氯化钴溶液经深度净化送钴电沉积；如生产精制氧化钴则反萃氯化钴溶液用草酸沉钴、然后煅烧成氧化钴。生产电解钴的工艺是：钴渣溶解—黄钠铁矾法除铁—沉钴(氢氧化钴)—反射炉煅烧(氧化钴)—电炉还原熔炼成粗钴阳极—钴电解得 $2^{\#}$ 电钴。

白合金是铜冶炼过程中，转炉吹炼时得到的转炉渣经电炉造锍和还原熔炼富集得到的含钴铜铁合金。近几年，作为钴原料从扎伊尔、刚果金、赞比亚大量输入我国，金川公司和北方工业公司合作利用刚果的原料建厂生产铜钴合金即白合金运回金川处理，由于这种物料密度大(7.94t/m^3)、延展性好，既难磨又难浸。国内1997年便开始对其进行处理的工艺研究。金川公司几经试验研究最后确定的处理工艺流程是：白合金—磨矿—氯气浸出—化学法除铁—P204除杂—Lix984分离铜—P507分离镍钴。

该工艺特点是：①对原料适应性强，可以处理多种原料；②浸出工序控制的液固比小，净化工序处理溶液量小；③浸出的时间短、效率高；④浸出渣过滤性能好，渣含有价金属量少。钴直收率可达93%，回收率在96%以上。

目前金川正在建设能力为年产2000t钴量的白合金处理生产线。

4. 高镍锍加压浸出萃取电积生产镍钴的发展

世界上发展了几种新的高镍锍湿法处理工艺流程。比较有名的有芬兰奥托昆普公司哈瓦尔塔精炼厂采用的硫酸选择性浸出法，加拿大鹰桥镍矿业公司克里斯蒂安松精炼厂采用的氯化浸出法和加拿大舍里特—高尔顿公司采用的加压氨浸法。这些方法中以硫酸选择性浸出法发展较快，我国新疆阜康冶炼厂，吉林镍业公司采用此法生产，2006年甘肃金川集团公司采用此法建成年产3万t电镍车间。

(1)高镍锍湿法精炼技术的工艺过程及其优点

1)硫酸选择性浸出法。

硫酸选择性浸出法的基本过程是,高镍锍经细磨后采用常压和高压相结合的方法进行分段浸出,在常压浸出时,金属相的镍基本能全部溶解,而 Ni_3S_2 相的镍大约能溶解1/3,而 Cu_2S 相则不溶解;在高压浸出时,镍、钴达到尽可能高的浸出率,同时浸出部分铜,由于常压浸出终点 pH>6.2,溶液中的铜 、铁几乎全部被水解沉淀,从而使镍钴选择性被浸出进入溶液,铜、铁、贵金属则抑制于浸出渣中。由于常压浸出液几乎不含铜、铁杂质,因而浸出液的净化比较简单,净液的方法有黑镍除钴法和溶剂萃取法实现镍钴的分离。经净化后的浸出液通过电积或氢还原产出金属镍。与硫化镍电解精炼法相比,金属回收率高,试剂消耗及能耗均较低;又因减少了铜镍高锍缓冷、磨浮、熔铸等过程所以流程短,建厂投资省,该工艺过程中无有害气体的使用和产出,有利于环境保护。

2)氯气(盐酸)浸出法

氯化浸出是指在水溶液中进行湿法氯化过程,即通过氯化使高镍氯盐浸出和电氯化浸出。由于氯气、盐酸化学活性极高、生成的氯化物溶解度大,对杂质的络合能力较强,因此在常温、常压下,氯化浸出就能达到在其他介质中必须加热、加压下才能达到的技术指标。

氯化浸出法有以下优点:①氯气浸出可在常压低温下进行;②由于氯气的强氧化作用和 Cu^{2+}/Cu^{+} 电对的催化作用,化学反应速度快,浸出过程可在沸腾点以下自热进行,能耗低;③镍钴氯化物溶解度大,溶液体积小,浸出液净化采用先进的溶剂萃取技术,杂质金属分离较彻底,操作简单,回收高,消耗少;④原料中硫化物中的硫被氧化成元素 S,无 SO_2 污染;⑤由于氯化镍溶液电阻率低,镍电积可采用较高的电流密度,槽电压相对较低,直流电耗低,电镍质量好,阳极析出的氯气可返回浸出工序循环使用,辅助材料消耗少。

3)加压氨浸法

加压氨浸主要过程是将粉状高镍锍置于加压釜内,通入空气和氨,镍、铜、钴等有价金属在加压条件下溶解,铁和其他杂质则留在浸出渣中被废弃。采用蒸氨除铜的方法从浸出液中除去铜,当溶液中蒸出部分氨之后,铜呈硫化铜沉淀。为避免不饱和硫在氢还原制取镍粉时分解,使镍粉含硫增高,脱铜后液用氧化水解法将不饱和硫氧化成硫酸盐。氧化水解的溶液用氢气在加压条件下将镍还原成镍粉。

该方法优点是流程短、返料少,镍的回收率一般可达 92%~94%。主要缺点是钴的浸出率较低,还需要供入大量的氨和氢。此外,氨浸过程反应较慢,因而设备较为庞大,而且要用价格昂贵的不锈钢制作,因此近年来还没有其他国家或企业采用这一工艺新建工厂。

(2)我国高镍锍加压浸出技术的进展

我国从 20 世纪末就开始对高镍锍的湿法处理进行了研究,并在新疆阜康建成规模2000t/a 电镍厂。其工艺流程为:高镍锍球磨—常压硫酸浸出—二段高压硫酸浸出—黑镍除钴—电解沉积生产阴极镍。

21 世纪初在吉林镍业公司研究并采用的湿法工艺流程为:两段闭路球磨—常压硫酸浸出—两段加压硫酸浸出—蒸发结晶生产精制硫酸镍。该工艺较阜康流程有以下改进和

进步。

1)第一段常压浸出获得纯净的硫酸钴镍液,无需经净化直接制取产品;

2)采用溶剂萃取技术,综合回收钴,产出价值较高的硫酸钴产品。该流程既可生产出含低钴的高级精制硫酸镍,同时又获得无钴硫酸镍产品。

3)高压釜采用衬钛代替搪铅衬砖的结构,确保了产品质量,解决了钛材有遇氧易燃烧的难题;

4)高压釜内通纯氧代替通饱和空气,缩短了反应时间,从而减小了设备大小。

5)车间采用仪表监测和微机控制(DCS 系统),实现了全部浸出过程连续生产,使工艺流程全部自动化。

6)有价金属得到综合回收,回收率高,镍直收率>97.5%;生产成本同国际上同类企业相比,降低 40%以上。

在吉林镍业工艺流程基础上,最近金川集团公司建成投产了年产 3 万 t 镍电积车间,采用的流程为:常压硫酸浸出—两段高压硫酸浸出—溶剂萃取镍钴分离—镍电沉积。与吉林镍业不同的是该工程采用了离心萃取器代替了传统的混合澄清萃取箱,所采用的高压釜体积为 $230m^3$,为我国高压釜的大型化奠定了基础。

5. 我国红土矿镍铁冶炼技术进展

镍资源类型通常分为硫化镍矿和氧化镍矿两类,氧化镍矿是含镍橄榄石经长期风化淋滤变质而形成的矿物,由于矿床风化后铁的氧化,矿石呈红色,所以通称为红土矿(Laterite)。这种红土矿是不宜于选矿法富集,矿石采出后只能经过简单挑选后直接冶炼。红土矿矿床上层为含镍的褐铁矿,含 Ni 0.8%~1.5%,含 Fe 40%~50%,适于湿法冶炼。下层为镁质硅酸盐镍矿,含 Ni 1.5%~3%,含 Fe 10%~25%,含 MgO 15%~35%,适于火法冶炼。

火法冶炼主要采用回转窑 电炉工艺流程主要生产镍铁,作为炼不锈钢的原料,也可以生产高镍锍,再精炼生产电介镍。红土矿主要分布在赤道附近。我国红土矿资源短缺,由于镍的需求增长很快,最近大量从东南亚国家进口红土矿生产镍铁和镍锍,同时又在国外投资建设镍铁厂,例如最近我国正在缅甸建设大型镍铁厂。

目前国内镍铁冶炼工艺主要有高炉法、电炉法两种工艺。

近年国内采用高炉法冶炼生产镍铁较为普遍,主要是借用现有的炼铁小高炉直接转产,具体操作与小高炉生产生铁操作类似,红土矿、还原剂和熔剂混合均匀进行烧结,烧结矿筛分后加入高炉,高炉冶炼生产含镍生铁和渣。高炉冶炼工艺存在主要问题:环境污染大、回收率低(<85%)、能耗高且需要焦炭、产品杂质多等。

国内现有电炉冶炼生产低品位镍铁的工厂,电炉容量较小,一般为 6300kVA,最大电炉为 12500kVA,大部分是生产硅铁、锰铁等铁合金电炉经过简单的改造(如增加密封炉顶),转产用来生产镍铁合金。红土矿与煤等混合后在地面上土法烧结脱水,再与焦炭混合加到电炉内熔炼生产低品位镍铁。这种生产工艺存在的主要问题是:①电炉熔炼电耗高(>74000kW·h/t Ni);②环境污染大;③回收率低(<85%);④工人劳动条件差;⑤全部人工操作;⑥炉衬寿命短(仅 1~3 个月)。

目前,中国恩菲公司设计的福建福安镍铁试验基地是我国首次建设的大型镍铁生产线。该基地采用恩菲设计的 33000kVA 镍铁电炉，是我国投入生产的最大镍铁电炉，采用由恩菲独立开发并已获得专利的电炉、热料输送及机电一体化系统。该工艺流程镍回收率较高（>90%）、熔炼电耗低（500kW·h/t 矿）、电炉寿命长（可达 7 年），但电炉设有完善的控制系统。现工艺流程已拉通，整套系统在试生产中，它的投产标志着我国镍铁生产技术步入一个新阶段。金川公司计划在广西防城港，采用先进的 RKEF 工艺建设大型镍铁冶炼基地。目前我国在红土矿炼镍铁的技术和装备水平，已基本达到国际先进水平。

6. 我国红土矿湿法炼镍提钴技术发展

我国含镍红土矿矿产资源较少，目前几乎用红土矿湿法炼镍的企业不是在国外建厂就是使用国外进口的红土镍矿。湿法炼镍技术主要有三种：加压酸浸，常压酸浸及堆浸。

（1）加压酸浸

针对褐铁矿型红土镍矿，该矿物含铁高，含镁低，镍含量在 1%～1.3%，含有 0.1%左右的钴。对这类矿物适合采用加压酸浸，即在 250～270℃下，4MPa 压力用硫酸浸出。在此条件下，Ni、Co 浸出率 95%以上，酸耗 250～300kg/t 矿。而铁基本上残留在渣中。由于采用加压设备，故技术复杂，投资较高。目前我国代表性项目为巴布亚新几内亚瑞目项目，其工艺：露天开采—分选出铬铁矿并制成矿浆—管道输送至冶炼厂—加压酸浸（3 个浸出系列作业温度 255℃，釜压 4.9MPa，停留时间 60min）—浸出液除杂—沉淀—低含水量混合氢氧化镍钴产品。

该项目矿浆采用管道输送运营费用低、安全，镍钴综合回收率 90%，产品混合氢氧化镍钴含湿量低 55%左右。该项目对我国湿法冶金技术的提高，大型机械制造水平的提升，自动化仪表应用，大型企业生产组织、协调将有积极作用。

（2）常压酸浸

该技术适合处理残积矿型含镍红土矿，该矿硅、镁含量高，镍含量波动在 1.5%左右，含钴 0.05%左右。由于采用常压酸浸，相对技术难度不大，投资较低，但与加压酸浸相比，Ni、Co 回收率 80%，酸耗较高 700～800kg/t 矿。由于浸出时，大量镁溶出，废水含镁高。

1）广西银亿科技有限公司为国内常压酸浸代表性工厂，该公司使用从印尼、菲律宾进口含镍红土矿。设计规模年产电镍 5000t，以金属钴计 1000t/a。目前已达产，并准备扩产到年产 8000t 电镍。该项目工艺为：矿石经格筛除去部分废石—圆筒洗矿机—细粒矿浆送浓密机—球磨后—浆料浓密机—底流送硫酸浸出，过滤洗涤，产出浸出液。

粗粒经圆堆破碎机粉碎、分级—粗粒送池浸—进行酸喷淋和浸泡浸出—浸出液与矿浆浸出液合并—进铁矾沉铁，沉铝—氢氧化钠沉淀镍钴—酸溶—萃取除杂—分离镍钴—镍溶液电积产出 1# 电镍，反萃硫酸钴液生产碳酸钴（计划生产电钴）。

工艺特点：利用残积矿石中和沉铁时释放的酸，达到节约酸用量；浸出渣代替黏土制砖；含镁废液采用减压多效蒸发生产结晶硫酸镁，结晶母液生产氧化镁，目前镁盐厂正紧张施工。主要指标：镍钴回收率 79%～80%；酸耗 750kg/t 干矿石；产品 1# 电镍。

2）云锡集团元江镍业有限责任公司，下属安定矿山及甘庄精炼厂，安定矿山使用元江镍矿红土镍矿，采用堆浸及槽浸相结合工艺，生产镍钴中间产品，送至甘庄精炼厂加工成电镍产品。设计规模以金属 Ni 计 1000t/a。

3)会理镍冶炼厂隶属于新越镁镍公司的中试厂,处理当地自产矿石。产品为铁精矿,含镍20%硫化镍。设计规模年产以金属Ni1000t,(实际产量300t)。酸耗指标:吨矿耗硫酸500kg。

4)其他工艺:如硫酸化焙烧、褐铁矿型红土镍矿高效综合利用清洁生产新工艺均属于试验研究阶段。

(3)堆浸

含镍红土矿堆浸技术是近几年研发的技术,虽然其工艺简单,相对投资及经营费用较低。土耳其Caldag及澳大利亚Murrin分别建立生产厂及示范工厂,取得一定成效。但我国目前尚属于研发阶段,云南锡业公司安定矿山堆浸以及广西银亿科技有限责任公司池浸,规模较小,尚属于技术开发阶段。

(三)铅冶金技术进展

1. 概况

进入21世纪,我国铅冶炼行业发展迅猛,2010年我国铅产量已达419.9万t/a,产量跃居世界第一。铅冶金技术从20世纪还比较落后的水平,发展到今天总体技术跨入世界先进行列,部分技术已达到世界领先水平。

粗铅冶炼生产方法在2002年以前,除西北铅锌厂引进的德国鲁奇公司QSL炼铅技术外,其余全部是传统的烧结,鼓风炉炼铅工艺。而且只有几个大型铅厂采用烧结机烧结,众多的中小型炼铅厂采用烧结锅或烧结盘进行烧结。冶炼烟气只有三座工厂采用低浓度制酸方法,大多数炼铅厂烟气都直接排放,严重污染了环境,且无组织排放的SO_2和铅尘也十分严重,传统的炼铅工艺面临生存问题。

在国家政策支持下,铅冶炼技术得到了快速发展。

2002年后,我国自主研究开发的氧气底吹熔炼—鼓风炉还原炼铅工艺,即SKS法炼铅技术在豫光金铅集团和池州铅厂工业应用成功并立即得到广泛的推广,目前已经建成投产15家工厂,其产量总和已占全国铅总产量的40%。2005年由国外专利与国内技术结合的艾萨(ISA)熔炼—鼓风炉还原炼铅技术在驰宏锌锗公司的研究开发成功。这两项技术的成功应用和推广,使我国炼铅技术得到了显著的发展,结束了传统炼铅的落后局面,我国炼铅技术发生了质的变化。特别是最近几年,广大科技人员针对鼓风炉还原熔炼的缺陷,研发了液态铅渣侧吹炉或底吹炉直接还原炼铅新工艺,取代了鼓风炉还原炼铅技术,实现了短流程的炼铅工艺,达到了节能减排,控制污染的显著效果,使我国铅冶炼技术超越了世界先进水平。与此同时,我国铅电解精炼在设备大型化,新的立模浇铸DM机及自动排放机组的开发运用,提高了我国铅电解精炼的自动化设备水平。废铅酸电池回收技术也有较大的进步,引进了废铅酸电池解体设备、纯氧鼓风炉熔炼废铅酸电池铅泥及极板。氧气底吹熔炼—鼓风炉还原炼铅工艺冶炼炉料中配入废铅酸电池铅泥的配比达到50%。从而使我国铅冶金工程技术学科有了全面的进步。

2. 氧气底吹熔炼——鼓风炉还原炼铅(SKS法)工艺

氧气底吹熔炼—鼓风炉还原炼铅工艺是20世纪我国自主研究开发的先进的炼铅技

术，其核心是将硫化铅精矿的烧结以氧气底吹熔炼工艺取代。即将熔炼后产出的含铅较高的熔体铸成块度为50mm的小块，然后加入一种特殊结构的鼓风炉，进行还原熔炼产出粗铅和炉渣，由于硫化物的氧化脱硫是在一个密闭的卧式筒型炉内进行的，所以确保了作业环境条件良好，从而解决了鉛冶炼过程中严重污染环境的问题，并达到回收硫和余热的目的。

氧气底吹熔炼—鼓风炉还原炼铅工艺于21世纪初先后在河南豫光金铅集团和安徽池州有色金属集团公司建成了两条生产线，投产后各项技术经济指标都达到了设计指标，并显示了该工艺的优越性。所以该工艺很快被全面推广应用。相继建成水口山第八冶炼厂、豫光金铅集团铅厂第二条底吹炼铅生产线、祥云飞龙电铅厂和灵宝新凌铅业铅冶炼厂。目前已建成15条氧气底吹熔炼—鼓风炉还原炼铅生产线。

氧气底吹熔炼—鼓风炉还原炼铅工艺除了生产效率高、节能降耗等优越性外，还具有如下特点：①底吹熔炼产出的烟气浓度较高，产出的硫酸浓度为98%，色泽透明，质量很高。②尾气含SO_2、SO_3浓度均低于国家允许排放浓度，SO_2的低空污染已得到较好的解决，所有投产的工厂均已通过国家或省环保部门的验收，确认环保指标达到国家标准。③该工艺可将废铅酸蓄电池铅泥作为原料配料加以回收。目前豫光和水口山均在底吹炉中加入废铅酸蓄电池的铅泥，豫光的铅二次物料的处理量已达到炉料的50%左右，表现出底吹熔炼炉有良好的炉料适应性。④由于氧气底吹熔炼过程中采用的是纯氧熔炼，因此无论是初铅还是初渣含硫均较低。因此在处理高铜物料时应特别注意控制给氧量。

3. 富氧顶吹浸没熔炼 — 鼓风炉还原炼铅工艺

21世纪初云南冶金集团总公司引进澳大利亚艾萨炉技术，并与我国鼓风炉还原技术相结合，设计并在其下属的驰宏公司建成规模为年产粗铅8万t的富氧顶吹熔炼—鼓风炉还原工艺铅冶炼厂。

富氧顶吹浸没熔炼—鼓风炉还原炼铅工艺是利用艾萨炉氧化熔炼和鼓风炉还原熔炼的优势，同时考虑湿法炼锌浸出渣的处理问题，增加了烟化炉系统。艾萨炉熔炼过程的控制从配料、上料、炉内气氛、温度控制，设备运行状况的监控等均通过DCS系统完成。该工艺过程是：熔炼主要物料经过混合制粒后，送入艾萨炉熔炼。根据熔炼情况，调节风量、氧浓度、氧料比，完成各种反应，产出粗铅、富铅渣、SO_2的烟气（SO_2浓度约8%）。粗铅浇铸，送入精炼系统；富铅渣铸成渣块，入鼓风炉进行还原熔炼；烟气经过余热锅炉回收热能，收尘系统回收铅锌等，最后进入制酸系统。

该厂于2005年6月投产至今，生产运行情况良好。生产实践表明该工艺的各项技术经济指标先进，并具有如下优点：①处理能力好，生产效率高。艾萨炉设计日处理物料440t/a，实际生产中一般处理物料量都在550～650t/a之间，最高达到760t/a。②原料适应性强。在1年多的生产实践中证实，艾萨炉可以处理各种物料，如优质铅精矿、含Cu、Zn高的杂矿、含铅低的（Pb含量约25%左右）的渣料。③环保效果好。艾萨炉的密封性比较好，冶炼过程中烟气泄露点少，作业环境好。④产生的烟气SO_2浓度满足制酸要求，S回收利用率高。⑤整个工艺采用DCS控制，自动程度高。⑥增加自有的专利技术后的鼓风炉，处理能力大幅度提高，床能力达到$75t/m^2 \cdot d$。

4. 液态富铅渣直接还原

在2006年以后，有关工厂、大学、科研、工程设计单位对液态富铅渣直接还原进行了大量的试验研究，并成功地于2009—2010年实现了产业化。该技术的研究成功，使原富铅渣需冷却后入炉还原间断操作的氧气底吹熔炼—富铅渣鼓风炉还原工艺，进一步创新成为富铅渣直接热装入炉还原的连续操作的氧气底吹熔炼—富铅渣底吹（侧吹）还原炼铅新工艺，大大缩短了流程，有效地降低了能耗，从而在世界上首次创新出高效节能的粗铅短流程冶炼工艺，并使我国铅冶金技术达到世界领先水平。

液态富铅渣直接还原分为底吹和侧吹两种还原炼铅工艺。富铅渣底吹还原炼铅是河南省豫光金铅集团铅厂与中南大学合作开发的技术，富铅渣侧吹还原炼铅是中国恩菲工程技术有限公司与河南省金利冶炼有限责任公司合作开发的技术，工业示范装置分别与两企业的氧气底吹熔炼年产8万t粗铅冶炼配套，形成氧气底吹熔炼—富铅渣底吹（侧吹）还原炼铅新工艺。两种工艺的还原设备除底吹和侧吹结构不同外，其还原机理和生产过程均大同小异，即为氧气底吹熔炼炉所产的富铅渣通过溜槽加入底吹或侧吹还原炉，底部或侧部的喷枪送入氧气、天然气（煤气），焦粒（还原煤）和熔剂加入炉内。天然气（煤气）为还原反应提供所需的热量，并强烈地搅动熔融液态富铅渣。液态富铅渣中的PbO被还原成金属铅，被还原的粗铅连续从虹吸口放出，当虹吸口停止出铅时即一个还原周期结束，这时打开出渣口放渣。炉渣放完后开始新的一个富铅渣还原周期。还原熔炼炉产出的炉渣可送烟化炉烟化挥发锌、铅回收有价金属。还原熔炼炉产出的烟气经回收余热、净化除尘后脱硫排放。

液态高铅渣底吹（侧吹）还原主要技术经济指标：

1）还原后炉渣含铅<3%，烟尘率约为12%～13%；

2）吨铅消耗：天然气75m^3（焦炉煤气180m^3），无烟粒煤150kg，折100%O_2的工业氧140m^3；

3）由于还原冶炼设备密闭漏风量小，因此烟气量仅为富铅渣鼓风炉还原烟气量的30%；

4）由于冶炼设备完全密闭而有效防止铅尘的弥散，作业环境良好；

5）该高铅渣液态还原工艺取得成功，使铅冶炼能耗降至280kg ce/t-粗铅。铅回收率可达98.0%。

5. 铅电解精炼装备的提高

粗铅精炼的方法主要分为两大类：全火法精炼，电解精炼。目前世界上铅火法精炼的生产能力约占总精炼生产能力的80%，但是由于火法存在问题较多，中国、日本、韩国、加拿大和秘鲁等国家则大都采用电解精炼。多年来铅电解精炼工艺的变化不大，但在设备大型化、机械化和自动化方面取得了很大的进步。在这方面我国较国际先进水平还有较大差距。

国内铅电解精炼装备水平：铅电解根据阳极板的尺寸，分为小极板电解和大极板电解两种形式。小极板电解的阴、阳极板面积（单面）一般在0.52m^2左右，目前国内铅电解企业大多采用小极板电解。2005年云南弛宏锌锗股份有限公司在国内第一次引进日本的阳极立模铸型机组、DM 机组(铅薄片制造机组)、阴阳极自动排距机组等设备,阴、阳极板的面积(单面)达到 $1m^2$,阳极重量是国产小板的 2 倍以上,电铅的单系列产能可超过 10 万 t/a。大极板不仅意味着装备大型化、单系列产能提高,同时由于极板面积增大,铅电解的各项经济指标也大大改善。此外,引进设备在装备制造、自动化控制、耐用性等方面都较国产设备有很大提高。2010 年 2 月《铅电解业企业清洁生产标准》正式生效,该标准已将大极板作为衡量铅电解业企业清洁生产等级的最重要指标之一。目前已有五家企业引进了日本的上述设备。

电铅设备大型化、自动化是今后电铅技术发展的主要趋势,其中大型的阳极铸型机组设备是关键。随着国内炼铅企业规模不断增大,对大型电铅设备需求也急剧增加,由于大型机组的原理及结构并不复杂,可以说无技术上难题,所以国内已有大学和设备制造厂家联合研制上述设备,并对引进设备进行了消化改进,而且已生产出样机。国产设备在造价上比引进设备便宜一半,这将对铅企业具有很大的吸引力。此外,改造目前我国大多数铅电解企业现正在应用的设备机组,也是实现大极板电解的一个途径。如通过增大圆盘铸型机组的圆盘直径来增大阳极板尺寸,同时改造现有的整平机构,以解决阳极增大后造成的极板变形问题。

铅烟污染是我国铅电解工业普遍存在的环保问题。铅烟主要是熔铅锅和电铅锅操作中产生的铅蒸汽。国内不管是已生产多年的老厂还是新建的电铅项目,均没能采取有效措施控制和消除铅烟的污染。通常,我们往往只是将注意力放在企业向外部排放的污染物是否达标上,却经常忽视生产一线的操作环境情况。因而要实现铅电解车间真正意义上的清洁生产,还有很多工作要做。在铅烟的控制方面,日本契岛冶炼厂的经验应值得借鉴。高温铅液流入铅锅后,采用机械分别向铅锅中加冷铅锭、残极和硫磺,同时使铅液循环,在铅液溜槽中由自动捞渣机完成捞渣工作,因此熔铅锅的锅盖不需频繁开启,彻底解决了熔铅锅面的铅烟污染问题。对于电铅锅铅烟,采用耐 500℃ 帆布皱折可收放环保烟罩,并分设两个单独的通风除尘系统,大大降低了铅蒸汽的影响,而且由于使用了自动耙渣机,避免了人工捞渣可能导致的对人体的危害,从而实现电铅企业真正的清洁生产。

(四)锌冶金技术进展

1. 概况

进入 21 世纪,我国锌冶炼行业发展迅猛,产量跃居世界第一。

企业的工艺技术、装备水平、生产指标,和世界同类企业不相上下,有的处于世界先进水平。

我国锌冶炼生产方法,长期以来存在火法和湿法两大类,随着焦炭价格上涨和环境意识的提高,湿法炼锌具有明显的优势,湿法炼锌产能占我国锌总产能的比率,已由 2002 年的 70%升到至今的 85%以上。火法炼锌中的竖罐炼锌已逐步萎缩趋于淘汰。

我国电炉炼锌始于 20 世纪 80 年代,至今已有几十个火法炼锌厂,其生产规模都较小。主要由于该法电耗高、需要焦炭、熔剂和耐火材料等,粗锌直收率较低,所以未能进一步发展。

鼓风炉炼锌常称 ISP 法。该法处理难分选的混合铅锌矿和杂料,具有一定优势。我国韶关冶炼厂是在20世纪70年代建成的鼓风炉炼锌厂。经过30多年的生产实践积累了丰富的经验。从技术进步和生产管理等方面都取得了显著的成就，生产能力大幅度增长，目前锌铅年产量已超过20万t。但该工艺由于存在返料量大、返料过程复杂，操作条件严格、作业环境控制较难等缺点，随着焦炭价格的上涨和环保日益严格化，近期国内外新建厂不再沿用此法。

我国锌冶炼工程技术发展的主体是湿法冶金。湿法炼锌工艺的标准流程是锌精矿焙烧—浸出—净液—电积—电锌产品。其中因浸出作业的条件不同又分为低温常规浸出和高温高酸浸出两种。我国常规浸出工艺以株洲冶炼厂较为典型，浸出渣多用回转窑挥发其残锌。高温高酸浸出渣则直接送渣场堆存，其浸出液除铁在我国有四种不同工艺，如白银西北铅锌冶炼厂等采用的黄钾铁矾法；赤峰库博红烨锌厂等采用的氨矾铁渣法，由于铁渣中锌含量低，又称为低污染黄钾铁矾法；云南祥云飞龙实业有限公司等采用针铁矿法；温州和池州冶炼厂等采用喷淋法除铁，称为仲针铁矿法。基于这些区别，湿法炼锌工艺流程呈现出多样性。

目前应用常规浸出工艺的白银等五家企业的技术装备和自控水平已进入世界先进行列。赤峰库博红烨锌厂的低污染黄钾铁矾法工艺技术已接近国际先进水平。

云南冶金集团自主开发成功加压氧浸的工业技术并已在多厂推广应用。株洲冶炼厂引进的年产10万t常压富氧浸出生产线已建成投产。广东丹霞冶炼厂引进的10万t/a硫化锌精矿直接压力浸出生产线也已建成。

难选冶氧化锌矿的处理，近年有突破性进展。云南祥云飞龙实业有限公司等在世界上首次研究开发成功氧化锌矿浸出工艺、硫化锌精矿与氧化锌矿联合浸出工艺，并实现了工业化。

国内电锌厂的直流电耗，随管理水平不同，波动在2950～3300kW·h/t电锌，综合电耗3800～4500kW·h/t电锌。

2. 常规焙烧湿法炼锌工艺及装备的改进

20世纪末开始，白银、株冶、曲靖、济源、巴彦淖尔等铅锌企业的锌冶炼，先后陆续引进常规焙烧湿法炼锌工艺及大型装备，如：黄钾铁矾法除铁工艺、低污染黄钾铁矾法除铁工艺、锑盐三段深度净液等工艺技术；$109m^2$的大型沸腾焙烧炉、大型模式壁余热锅炉、单通道高效密闭电除尘器、$150m^3$高效节能搅拌槽、$1.6m^2$大极板、全塑大型电解槽、机械化剥锌片机、1200kW大型低频熔锌感应电炉、自动浇铸－码垛－打包机等等大型设备；同时各企业的锌冶炼过程也先后研究、开发和应用了DCS计算机控制系统，工厂的管理和数据采集实现了微机控制，基本上做到人机对话、系统智能管理。从而使这些企业目前的常规湿法炼锌工艺、装备和自控技术跟上了国际发展的先进水平。

3. 低污染黄钾铁矾法在工艺上的应用和效果

赤峰红烨锌冶炼有限责任公司（锌锭生产能力10万t/a）是国内首家采用低污染沉矾除铁工艺的湿法炼锌厂。该厂在20世纪90年代建厂至今，先后应用我国长沙矿冶研究院研究的无中和剂沉矾等研究成果，进行了三次技术改造，形成了完整的“中性浸出—高酸浸出—预中和—低污染沉矾”的全湿法炼锌工艺。目前该工艺运行平稳，有效地解决了常规铁矾法中的一些问题:①在沉矾过程中不加任何中和剂,提高了锌等有价金属的回收率,减少了矾渣对环境的污染;②由于除铁效果好,对各种复杂原料的适应性强;再次该工艺具有很大的加酸能力,对系统酸平衡有利。

生产实践表明:该工艺可使含 Fe 30g/L 的高铁溶液降至 1g/L 以下,得到满足工艺要求的中浸前液和低污染铁矾渣。铁矾渣渣率为 12%~25%;铁矾渣组成为ZnT2%~4%,Fe30%~32%;锌总回收率为 93%~96%。大大优于常规的铁矾法指标,并已接近或达到澳大利亚里士登锌厂低污染铁矾法的指标。该工艺的经济效益和环保效益也明显优于常规铁矾法。所以,赤峰冶炼厂湿法炼锌工艺有着广泛的应用前景,为新建或改扩建工程提供了宝贵的经验。

4. 自主开发和引进加压氧浸技术

云南冶金集团于 2002 年成功完成加压浸出处理高铁锌精矿的探索性试验,并在所属的云南澜沧铅矿进行了 10L 规模的高铁锌精矿和常规硫化锌精矿的小型试验研究。然后在小型试验基础上,又进行了二段连续加压浸出(加压釜几何容积 3.24m^3)验证试验。2004 年云南冶金集团总公司采用一段加压浸出技术,在云南永昌铅锌股份有限公司建成年产 10000t 电锌示范厂,在国内外率先实现高铁硫化锌精矿加压浸出技术的产业化。主要技术指标:锌浸出率≥98 % ,锌总回收率>90%,银回收率>90%,元素硫的转化率92%,元素硫的总回收率>80%,铁浸出率≤30%,氧耗 220kg/t 精矿,所获指标达到国际先进水平。该工艺目前已在多家企业推广应用。

中金岭南丹霞冶炼厂于 2007 年引进加拿大 SHERRITT 公司的氧压浸出技术,采用二段氧压浸出全湿法工艺处理硫化锌精矿,于 2009 年投产,目前已逐步走向工艺连续正常运转,已经达到 90%的设计产能,浸出渣浮选产出硫精矿含硫 70%~75%,部分银分散到粗硫磺中,难以通过热滤方式产出商品硫磺,尚在研究从粗硫磺产出商品硫磺经济有效的工艺技术,存在粗硫磺处理及堆存问题。

5. 引进常压氧浸技术

株洲冶炼厂于 2002 年引进奥托昆普的常压富氧浸出技术。工厂于 2009 年投产,目前已逐步走向工艺连续正常运转。

6. 低品位氧化锌矿直接浸出工艺的技术突破

氧化锌矿是一种重要的含锌矿物,是锌的次生矿,该矿结构复杂,易碎泥量大,在世界许多国家都有分布。我国西南地区氧化锌矿资源丰富,尤其是云南,储量最大(兰坪铅锌矿储量在 1000 万 t 以上)、分布广、品位低(一般在 35%以下),此外,我国甘肃、陕西等省也有氧化锌矿。氧化锌矿主要以菱锌矿($ZnCO_3$)和异极矿[$Zn_4Si_2O_7(OH)_2$]等形态组成,其含有大量的杂质,如铁、硅、钙、铜、镍、镉、钴、铅。氧化锌矿选、冶难度大,其冶金技术世界各国都没有很好解决。

直到 21 世纪初,我国云南科技工作者终于在氧化锌矿的处理方面取得首次重大突破,研究的工艺技术已成功实现工业化。该技术可对含锌低于 20%的氧化锌矿进行处理,生产成本低,硫酸消耗少,不消耗中和剂,浸出液可循环使用,可获得含锌高的硫酸锌溶液,锌的浸出率高。该工艺是连续过程,技术的关键是控制溶液的 pH 在一定范围内变

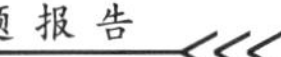

化，在保证矿石中的大部分的锌被浸出的同时使铁和硅迅速水解沉淀，以致为电积提供合格的硫酸锌溶液，并且避免了常规方法中中和剂和硫酸的消耗。该氧化锌矿浸出工艺已有两个企业应用：

祥云飞龙公司所属云龙电锌厂采用该工艺对氧化锌矿进行处理，该电锌厂年处理氧化锌矿 10 万余 t，生产金属锌 2 万余 t，所产锌锭＞98％为 0# 锌锭。各主要指标：锌总浸出率＞87％；浸出回收率＞78％；渣率为 60％～80％；渣含锌为 2％～6％。

云南兰坪金鼎锌业公司第一冶炼厂采用该工艺流程对氧化锌矿进行处理，在具体处理过程中增加了预浸出和流态化浸出工序，其目的是使固体物料和浸出液均匀混合，同时延长浸出时间，尽可能地浸出原料中的锌。该厂年处理氧化锌矿 15 万～18 万 t，年生产金属锌 3 万～4 万 t，各主要指标如下：浸出率为 85％～90％；锌浸出回收率为 70％～80％；渣率为 65％～75％；渣含锌＜8％。

从上述主要指标看，锌的浸出率和浸出回收率并未达到最理想效果，主要原因有两个：①所用氧化锌矿的氧化率难以保证；②随着氧化锌矿品位的下降，生产吨锌需要更多的氧化锌矿，因而将产生更多的浸出渣，此渣一般含有 4％～6％的可溶锌，而水溶锌通常为 3％～6％，由此造成锌在渣中的夹带损失引起锌的浸出率和浸出回收率未达到理想效果。矿石品位越低此情况越严重，故需对锌浸出渣进行进一步处理，回收金属锌，与此同时，对浸出渣进行无害化处理，解决渣对环境的污染。

7. 硫化锌精矿与氧化锌矿的联合浸出工艺

当前，世界上的湿法炼锌主要原料是硫化锌精矿，而在不少地区所产原料不仅含有硫化锌矿同时含有氧化锌矿资源，如将两种物料分别用两种不同的工艺进行处理，必然存在流程复杂、技术难度大、投资高、运行成本高等问题。如何简单、经济、合理地联合处理硫化锌矿和氧化锌矿已成为研究热点，近年云南相关冶金工作者在这方面取得了重大突破，创造了全新的工艺流程并实现了产业化。该工艺流程与其他工艺流程相比具有如下特点：

1)硫化锌矿焙砂与氧化锌矿（或精矿）的浸出在一个浸出工序中进行；

2)硫化锌矿焙砂高温高酸的浸出液除硅、除铁的过程与氧化锌矿（或精矿）的中性浸出同时进行，不需要单独的沉硅、沉铁工序，也不需要外加中和剂，与此同时，利用硫化矿浸出液的体积，增大氧化锌矿浸出的液固比，解决了单独处理氧化锌矿澄清、液固分离困难的问题；

3)整个过程不需附加成矾离子和硅絮凝剂等；

4)硫化锌焙砂与氧化锌矿（或精矿）的配比有较大的可调范围，硫化矿焙砂比例的高限是氧化矿中性浸出中和酸量的平衡点，低限是硫化锌矿焙砂为零，这时就变成氧化矿单独处理的流程，需加大氧化锌矿的中性液返回量和酸浸液返回量以提高氧化锌矿浸出的液固比，提高浸出液锌含量。

这些特点决定本工艺流程简单、投资少、运行成本低、对环境友好，具有较强的竞争能力。本工艺适用于氧化锌矿与硫化锌矿资源同时存在的地区。目前，本工艺已用于祥云飞龙公司祥云县化工冶炼厂，云南腾冲恒丰飞龙公司电锌厂，云南沧源县飞龙电锌厂，云南剑川县有色金属公司，以及云南金鼎锌业公司第二冶炼厂，合计 23 万 t/a。其主要指标为:锌总浸出率为 90%~92%;浸出回收率为 85%~87%;渣率为 70%~80%;渣含锌为 5%~7%。从主要指标来看,锌的总浸出率和浸出回收率并未达到理想效果,这主要是因为:①浸出渣夹带锌造成金属锌损失;②原料中氧化矿氧化率未达到较高水平,杂质含量较多,且含量波动幅度较大,造成原料中锌浸出不完全。因此必须对锌浸出渣进行处理,回收其中的金属锌。

(五)锡、锑、铋冶金技术进展

1. 概述

锡、锑、铋三种金属是重有色金属中的稀有元素,又是中国的特产,其矿石储量、金属产量、产品品种质量都居世界前列。全球 83% 的锑是中国供应的,中国的锡和铋的产量分别占全球的 40% 和 50%。

云南锡业公司和湖南锡矿山锑业公司是世界早已知名的锡和锑的大型企业。广西华锡集团是中国 20 世纪 80 年代新开发的大型锡铅锌锑铟多金属矿,经过选矿能分出锡精矿,锌铟精矿和铅锑精矿,分别建设了来宾锡冶炼厂,来宾锌铟冶炼厂和金城江铅锑冶炼厂,中国最大的铋冶炼厂属柿竹园有色金属公司。

近年来,这三种金属生产发展很快,但是这三种金属都是重金属中的稀有元素,又是中国的特产,在发展中还要注意资源保护。最近欧盟将锑列为紧缺金属物资,并为欧盟多国制定政策以扩大来源,值得我们注意。

这三种金属的冶炼技术,中国一直是处于世界领先地位,最近几年,又在原有基础上,吸收了其他金属冶炼新工艺的原理,开发了若干新技术,对提高金属实收率、节能降耗、改善环保等方面起了很大的作用。

2. 锡冶金技术新进展

(1)概述

锡的传统冶炼工艺是采用反射炉或电炉强化还原熔炼,在锡还原的同时,原料中的铁也有一部分还原,产出含铁比较高的粗锡,再将粗锡在熔析锅中进行熔析分离锡和铁,控制熔析温度产出含铁较低的甲锡和含铁较高的乙锡和硬头,甲锡送去精炼而乙锡和硬头需要经过再冶炼处理除去铁和其他杂质。21 世纪云锡公司炼锡新工艺是在引进奥斯麦特炉炼锡的基础上加以改进,将奥斯麦特炉原来的三段熔炼改为二段熔炼,减少了铁的还原,降低了终渣含锡量,增强了熔炼强度,使单台炉子能力相当于传统反射炉的七台,节能、环保和生产自动化都有较大改进。

(2)奥斯麦特炉和烟化炉相结合的炼锡新工艺

云锡公司引进奥斯麦特炼锡炉后,对工艺作了一些改进,与本身特有的烟化炉工艺相结合,开发了一种自主创新的炼锡新工艺。

原来的奥斯麦特炼锡工艺是基于奥斯麦特炉气氛容易控制,分成三段作业,第一段为熔炼阶段,主要还原锡,尽量避免还原铁,放出含铁低的粗锡。这段熔炼炉渣含 Sn 10%~15%。第二段弱还原阶段,对第一段炉渣进行弱还原,使渣含锡降到 4%~5%,产出的锡为含铁较高的乙锡。第三段强还原阶段,对炉渣进一步还原到渣含锡 1%,这一段产出的为铁锡合金即硬头。

云锡公司根据自己的经验，改奥斯麦特炉三段作业为二段作业，即熔炼阶段和弱还原阶段，取消强还原阶段。熔炼阶段产出含锡 5%的炉渣送公司原有的烟化炉进行硫化挥发，使渣中的锡挥发回收，烟化炉渣含锡 0.1%～0.2%，提高了锡回收率，还减少了乙锡和硬头的产出率，新工艺有以下优点：

1)提高奥斯曼特炉产能 10%以上，终渣含锡从 1%～1.5%下降到 0.2%；降低了对奥斯曼特炉昂贵的耐火材料的侵蚀，延长了炉寿命、降低了作业成本、减少了炉渣搬运系统的建设投资。

2)改革了炉渣渣型，使溶剂率由 17.33%下降到 0.9%，减少了溶剂消耗，大幅降低炉渣量，使产渣率由 42.68%降到 31.44%。

3)节能降耗显著。热效率比反射炉提高 6 个百分点，处理吨炉物料的煤总消耗量由原反射炉的 0.54t/t 下降到 0.4t/t，每年可节约煤近 10000t；采用余热锅炉日发电量已超过 11 万 kW・h，自给有余，实现了锡还原熔炼系统的电能“负消耗”，同时还使奥斯麦特炉系统总热效率由 31.48%提高到 53.6%；

4)自动化水平高、提高劳动生产率 1.5 倍；锡冶炼总回收率最终由反射炉系统的93.5，提高到 97%，以每年投入精矿含锡 25000t 计，即每年多回收 875t 锡。经济效益显著；

5)解决了锡精矿反射炉还原熔炼烟气对环境的严重污染。用一座奥斯麦特炉取代原有七座反射炉，使熔炼过程全部烟气从一个出口集中排出处理，并采用高效湍冲洗涤器用石灰乳洗涤吸收的方法集中处理烟气中烟尘和低浓度 SO_2，使排放烟气中烟尘、SO_2、铅三类污染物浓度都低于《工业炉窑大气污染物排放标准》，从根本上解决了锡还原熔炼过程对环境的污染，取得明显环保效益。

(3)锡的精炼的改进

锡的精炼技术经过云锡、华锡等生产企业和昆明理工大等研究改进已经开发一套完整的中国式锡精炼技术，锡的产品质量提高到 99.99%和 99.999%。该锡精炼新工艺包括以下三项技术：①离心过滤除锡中的 Fe 和 As；②电热螺旋结晶机除锡中的 Pb、Bi；③真空蒸馏分离锡和铅。

(4)锡的产品的开发

云锡公司根据国内外市场的需要，科技创新开发多种锡的产品，在昆明成立了世界上最大的锡材加工中心，目前已开发丝、板、棒、球、粒、粉在内的 400 多个品种，有新研制成功的球形焊粉，焊锡丝焊锡条等产品，广泛应用于电子行业、汽车工业、食品包装等行业。产品除满足国内需要外，还出口到美国、欧洲和日本。

云锡公司还成立了锡化工产业基地，开发了有机锡化合物和无机锡化合物等 16 个品种。

3. 锑冶金技术新进展

(1)概述

中国是世界上最大的产锑国，近几年发展很快，1985 年全国还只有 14 家锑冶炼厂，每年产锑 4 万 t，现在已发展到 4000 家，每年产锑 10 万 t，其中 6.5 万 t 出口。

锑的冶炼工艺一直是用中国的特有技术。工艺技术因矿石类型的不同而异。锡矿山的单一锑精矿采用硫化锑精矿直接加入鼓风炉，进行挥发熔炼产出氧化锑挥发物，再用反射炉还原成金属锑并进一步精炼。辰州矿业的含金锑精矿的冶炼工艺也是采用精矿直接加入鼓风炉进行挥发熔炼，产出氧化锑再还原精炼，但是在鼓风炉挥发熔炼产出氧化锑的同时，还产出一部分含金的粗锑，然后将含金的粗锑用灰吹炉氧化除去锑，获得金的产品。

我国广西河池地区拥有世界上最大的脆硫铅锑矿矿床。脆硫铅锑矿（即铅锑混合硫化物矿）由于矿物结构原因，使矿物中的铅和锑不能通过物理的选矿的方法分离，而只有通过化学的冶金方法才能予以分离，因而脆硫铅锑矿的铅、锑分离成为锑冶金学科的世界性难题。从 20 世纪 70 年代开始，在国家的支持和组织下，华锡集团（原大厂矿务局）开展了脆硫铅锑矿开发利用的产学研联合攻关。经过十多年的火法和湿法冶炼多种工艺的试验研究，最终研发成功烧结—鼓风炉工艺，并在 80 年代兴建了第一家脆硫铅锑矿冶炼厂。该厂的工艺是世界上唯一实现脆硫铅锑矿工业化生产的工艺。目前国内处理此类复杂硫化铅锑矿物回收锑、铅的冶炼厂，几乎都使用这一工艺流程。但该工艺也存在不足，主要是冶炼流程长，中间返回物料多，金属实收率低，焙烧及烧结烟气含 SO_2 低，不宜制酸，造成环境污染。

（2）脆硫铅锑精矿氧气底吹熔炼新工艺

最近，中国恩菲工程技术有限公司提出了应用其已经成熟氧气底吹冶金技术改进现有脆硫铅锑矿冶炼的氧气底吹熔炼—液态渣还原炼铅锑法新工艺。新的工艺以氧气底吹熔池熔炼技术取代现有的沸腾焙烧、烧结—鼓风炉还原熔炼过程，产出一次铅锑合金和挥发的氧化锑烟尘，以及含铅锑较高的熔渣。含铅锑较高的熔渣再经液态渣还原炉吹入粉煤直接还原产出二次铅锑合金和氧化锑烟尘。以上两次铅锑合金采用转炉吹炼代替原有的反射炉吹炼产出含锑粗铅和氧化锑烟尘，含锑粗铅用电解精炼产出电铅。氧化锑烟尘用倾动炉还原熔炼并精炼产出精锑。根据上述研究的工艺路线，已经完成金城江铅锑冶炼厂的改造设计。该新工艺具有自主知识产权，其主要特点如下：

1）环保好。精矿及铺料配料制粒后直接入炉，没有烧结返粉作业，生产过程中产出的烟尘均密封输送，有效防止了烟尘的弥散；熔炼炉产出的铅锑合金流到包子中进入转炉吹炼；高铅锑渣直接流入到还原炉中进行还原熔炼，在底吹炉虹吸口和放渣口设通风装置，防止了合金蒸气的扩散。彻底解决了冶炼烟气、金属粉尘的污染问题。SO_2 烟气经二转二吸制酸后，尾气排放达到环保要求。操作环境十分优良，彻底改变了传统鼓风炉的污染现象。经环保部门实测，生产岗位含尘量为 $7mg/m^3$，硫酸尾气 SO_2 含量 $<14mg/m^3$。均远低于国家排放标准。

2）能耗低。氧气底吹实现了自热熔炼并回收了高温烟气中的余热，每生产 1t 合金同时能产出 0.5t 蒸气（4.0MPa）；由于液态高铅锑渣直接进入还原炉，燃料消耗大大节省。

3）生产成本低、投资少。主要设备结构简单、造价低。

（3）锑的产品开发及粗锑除铅剂的发明

中国锑产品质量（包括一号锑、二号锑、三号锑）一直高于国外（包括美国、日本）同级产品，最近几年，又开发了高纯及超高纯金属锑产品，包括四个九（Sb 99.99%）、五个九（Sb 99.999%）和六个九（Sb 99.9999%）的产品。还开发了电子级、聚酯催化剂型及阻燃型等三氧化锑产品。此外，主要用于纺织品阻燃的五氧化二锑胶体及粉末、用于生产显像管玻壳和高级玻璃用的澄清剂、脱色剂等的锑酸钠、偏锑酸钠、还有用于聚酯工业生产的确良的醋酸锑和乙二醇锑也成了我国出口创汇的拳头产品。总而言之，我国锑产品的多样化和质量已达到和超过世界先进水平，完全满足国内外对锑产品的需求。

在高纯锑及多种高纯氧化锑生产过程中，原真空蒸馏法除铅过程十分繁琐，金属直收率低，经济效益较差。针对这些问题，我国锡矿山矿务局闪星锑业的科研人员经过多年探索，克服诸多困难，发明出一种高效除铅剂，解决了锑精炼除铅及高纯锑生产难题，为我国生产出无铅的锑作出了突出贡献。这种除铅剂是在锑液温度 700～780℃ 条件(低于常规的碱性精炼除铅温度 800～900℃)下，加入锑液，待熔化后，再向锑液内鼓入压缩空气，铅氧化为 PbO 进入渣中，使铅锑得到彻底分离，能将粗锑中的铅除到 30×10^{-6} 以下，为高纯锑及超高纯锑生产提供了绝对的技术保障。

锡矿山闪星锑业有限公司继发明除铅剂后，相继又研发了快速除砷、除硒剂。生产实践证明，使用快速除砷、除硒剂，能将粗锑中的砷硒降低 10×10^{-6} 以下，速度快，时间短，大大提高了精炼过程中锑的直收率，进一步节约了能耗，生产成本较用纯碱作脱除剂低。

综上所述，除铅、除砷剂的研发成功，解决了粗锑精炼过程中除去 Pb、As 两个最难去除杂质的关键技术，确保超纯锑(99.999%)及高超纯锑(99.9999%)产品质量。同时，除铅剂的推广应用给我国的炼锑行业带来了最佳的经济效益、社会效益和环保效益。除铅剂的发明是我国锑行业精炼的一项重大创新，使我国的锑精炼技术迈上一个新台阶，达到了世界领先水平。

4. 铋冶金技术新进展

(1)概况

我国铋资源丰富，湖南柿竹园钨、铋、钼、铅、锌多金属矿是世界上少有的铋资源。我国是铋生产大国，目前产量占世界总量的 50%。柿竹园多金属矿的开发一直受到国家的重视，从 20 世纪 80 年代中期开始，已经连续五个五年计划支持产学研联合攻关，使这一宝贵资源的开发获得了重大进展。其中铋冶金技术进展也较大。

铋大部分伴生于钨、铅、铜和锡等金属矿体中，以硫化铋为主，一般是在钨、铜、铅锡矿石的选矿过程中分选出硫化铋精矿进行冶炼，也可以在上述伴生金属的冶炼过程中，作为副产品分离出来(以氧化铋为主)。

传统的冶炼工艺是将铋精矿或铋的副产品用反射炉进行沉淀熔炼或还原熔炼，产出粗铋再用火法精炼。传统工艺最主要的缺点是精矿中的硫或从烟气排放，或从弃渣排放，造成污染。

(2)铋冶炼技术新进展

20 世纪末，北京矿冶研究总院和柿竹园有色金属公司共同开发了以矿浆电解为核心的湿法冶炼工艺，除去了传统火法冶炼工艺的烟气处理工序。矿浆电解是将铋精矿加入盐酸调浆后，进矿浆电解槽，通直流电完成铋的浸出和电积，在阴极产出海绵铋。该工艺尚存在一些问题，正在继续改进中。

最近中南大学研究的铋精矿低温碱性熔炼工艺取得了较大进展，完成了 $10m^2$ 的反射炉的半工业试验，获得熔炼直接实收率 99%，粗铋含 Bi 96%，熔渣含 Bi 0.24%的指标。低温碱性熔盐冶炼工艺是对一些低熔点金属硫化物精矿(如铅铋等金属)在低温碱性熔盐中进行交互反应，直接生产金属铅或铋，精矿中的硫和碱中的钠结合成 Na_2S 进入熔渣，而精矿中的难熔物，其他金属硫化物和过量的碱都进入熔渣产生一种低熔点渣与铅或铋分离，这种生产工艺过程简单，环境清洁，产出的粗金属质量高，实收率高，其他金属的综合回收好(分离彻底)。但熔渣处理尚有待进一步完善。

我国恩菲工程公司王健铭等在中南大学研究成果的基础上，参考苏联试验资料和中国有名化学家侯德邦的制碱理论，将低温碱性熔盐熔炼及渣处理流程修改如下：硫化铋(或铅)精石与纯碱低温熔炼的反应为：$2MeS+2Na_2CO_3+C \rightarrow 2Me+2Na_2S+3CO_2$，熔渣热水浸出后，浸出液主要为 Na_2S 和未反应的 Na_2CO_3，浸出液的热碳酸化是用下一段冷碳酸化产出的 $NaHCO_3$ 和 Na_2S 反应生成 $Na_2CO_3+H_2S$ 如式 $Na_2S+NaHCO_3 \rightarrow 2NaCO_3+H_2S$，冷碳酸化是将热碳酸化产生的 Na_2CO_3 溶液通入 CO_2 气体，使一部分 Na_2CO_3 反应生成 $NaHCO_3$ 返回热碳酸化。反应为 $Na_2CO_3+H_2O+CO_2 \rightarrow 2NaHCO_3$，大部分 Na_2CO_3 结晶过滤生成纯碱返回熔炼使用。

(3)铋在应用领域的新开发

铋是重金属族群中的稀有元素，它具有很多特殊性能：熔点低(271℃)，凝固时体积增大，强的逆磁性，铋的合金具有热电效应，而且是一种对人体健康无害，环保性能好的重金属，过去常用它作医药、化妆品，并和铅、锡、锑、铟等金属组成低熔点合金制作热敏元件用作消防器材，电器保险器材等。最近几年，在高科技领域，开发许多新用途。如含锑11%的铋合金用于制造红外线检测仪；利用铋在磁场作用下，电阻率急剧减少制作磁力测定仪；铋锰合金制作永磁合金；铋的热中子吸收截面积小，而且熔点低，沸点高，用作核反应堆的传热介质；碲化铋制造温差电致器元件用于太阳能电池上；铋银铯合金用于制造光电放大器；超纯铋(99.999%以上)用于核反应堆中作载体或冷却剂；铋系高温超导线材发展迅速；铋还可以用于充电电池，微型锂电池。

随着全球环保意识的加强，发达国家开始重视以铋代铅的应用，美国已明令禁止在联邦管辖的土地上使用铅弹，以铋代铅；欧洲各国和日本已明令在焊料中禁止使用铅，而改用铋、硒和铟代替铅。中国是世界上最大的产铋国，除了进一步研究铋的应用领域外，还要保护好资源，控制出口。

三、重有色金属冶金工程技术学科国内外进展比较分析

我国重有色金属冶金工程技术学科已取得令人瞩目的发展。通过主要技术装备的引进、消化和创新，21 世纪以来开始扭转主要技术装备的发展长期跟踪国外、依赖进口的被动局面，总体上已经达到国际先进水平，有些方面仍落后于国外先进水平，也有些方面已经领先于国际水平。

1. 铜冶金工程技术学科比较

改革开放以前，我国铜冶金技术装备与国际先进差距很大。改革开放以后，为了尽快缩小与国外的差距，铜工业的建设和发展采取以引进为主的路线。从江铜首先引进闪速熔炼技术装备以后，铜工业先后引进有：大冶公司的诺兰达法、金川公司的闪速熔炼、铜陵金隆公司的闪速熔炼、云南铜业的艾萨法、中条山公司双奥斯曼特技术、阳谷祥光引进双

闪速技术等,从而使我国铜冶金技术很快跟上了世界发展的步伐。由于在引进、学习和跟踪的同时十分注重根据我国国情对引进技术的消化创新,并且还在国外技术应用过程中善于发现不足,研究发明了高于原引进技术的一批具有自主知识产权的专利技术,进而更进一步研究开发出我国独创的铜冶炼新工艺。例如,江铜公司与瑞林公司专家对引进的闪速炉的结构、喷枪和烟气制酸等进行了改进,提高了生产效率,并自行设计将原引进的规模为年产 8 万 t 铜的闪速炉改建扩产到年 30 万 t 铜的新规模。金川公司将闪速炉改造成合成闪速炉。山东祥光铜业公司在引进闪速熔炼的同时,还引进了闪速吹炼技术,即双闪工艺,并且经过研究改进达到自热吹炼,比世界上拥有第一台闪速吹炼炉的美国肯尼科特冶炼厂更先进。

氧气顶吹熔炼技术在我国也得到了新的发展。云南铜业引进的艾萨炉投产后生产一直很顺利,各项技术经济指标优于国外投产的第一台艾萨炉;中条山有色金属公司经过努力,对引进的澳斯麦特炉原有技术装备作了很多创新,在世界上首次开发成功双澳斯麦特炉炼铜技术,为该项技术发展作出了贡献;2010 年在四川凉山新建铜冶炼厂从设计、设备制造到投产指导全部实现国产化,只向 ISA 公司购买了一张许可证,标志着我国已经熟练掌握该项技术。去年刚自主研究开发成功的底吹炼铜技术是我国独创的技术,使我国的铜冶炼技术超越了国际先进水平。

我国铜冶金技术学科与国外的差距:①铜湿法冶炼技术,特别是堆浸、生物浸出等等浸矿技术和相应的工业化规模;②铜二次资源的回收技术及回收利用水平。

2. 镍、钴冶金工程技术学科比较

我国镍钴资源主要集中于金川硫化铜镍矿床,几十年来,集中了国内各方面的优势力量,对金川资源的开发进行了连续不断的科技攻关,从而使我国在硫化铜镍矿选冶技术方面达到或超过了国际先进水平。主要表现有以下几方面。

1)在选矿技术提高的基础上,采用现代化的富氧闪速熔炼和熔池熔炼工艺,成功地实现了高 MgO 镍精矿生产高镍锍。同时为了适应冶炼的需要,在世界上首次创新出一套用于炼镍的合成式闪速熔炼和一套用于炼铜奥托昆普型闪速炼炉,并于 2009 建成投产了一座世界上最大的澳斯曼特富氧顶吹熔池熔炼炉,年处理 100 万 t 硫化铜镍精矿,从而使我国铜镍精矿生产高镍锍的技术超过国际先进水平。

2)高镍锍的精炼回收镍、钴、贵金属和其他杂质金属的分离提取技术达到了世界先进水平,特别是自主开发了高镍锍硫酸加压浸出技术,综合回收有价伴生金属效率高、效果好,已广泛推广应用。

3)从硫化铜镍精矿和进口氧化镍矿(红土矿)中回收钴的技术

也已达到世界先进水平。

氧化镍矿(红土矿)的综合回收技术虽然已经有很大突破和发展,但是与国际先进相比仍然存在差距。

3. 铅冶金工程技术学科比较

目前国外铅冶炼主要有四种工业化运用的方法,即基夫赛特法、富氧顶吹浸没炼铅法、QSL 炼铅法和卡尔多炼铅法。前两种是国外当前企业使用较多的工艺。

我国在 20 世纪由西北铅锌冶炼厂和西部矿业公司分别引进 QSL 炼铅法和卡尔多炼铅法，由于其技术原因，这两项技术在我国都已停产。21 世纪云南冶金驰宏公司引进澳大利亚富氧顶吹浸没炼铅法（艾萨）与我国鼓风炉还原炼铅工艺相结合，艾萨熔炼—鼓风炉还原工艺，投产后各项生产指标优于国外其他四座艾萨炼铅炉。

21 世纪以来，我国发展最快的炼铅工艺是自主研发的氧气底吹—鼓风炉炼铅技术，工艺简单，操作方便，技术经济指标达到国外先进水平。近两年，又进一步研发成功底吹和侧吹吹炼技术，实现了富铅渣热装直接入炉吹炼，从而形成氧气底吹熔炼—底吹吹炼连续炼铅的创新技术，有效地解决了冶炼过程中烟尘对大气的污染，明显降低了能耗，使我国粗铅冶炼技术达到世界领先水平。

我国铅冶金工程技术与国外先进的最大差距是粗铅精炼技术和装备。多年来铅电解精炼在设备大型化、机械化和自动化方面取得了很大的进步，但较国际先进水平相比还有较大差距，需要继续用先进的装备改造现有电解生产线，同时鼓励研发和生产国产装备，以满足我国炼铅企业发展的需求。电解炼铅的烟气污染问题至今还没有有效解决。这是炼铅企业存在的最大问题，必须抓紧研究解决。

4. 锌冶金工程技术学科比较

湿法炼锌是当今世界最主要的炼锌方法，火法炼锌占产能很小，近期新建和扩建的生产能力均采用湿法炼锌工艺，湿法炼锌技术发展很快，主要表现在硫化锌精矿的直接氧压浸出，硫化锌精矿的常压氧浸，浸出渣综合回收及无害化处理。国外氧压浸出企业五座，产能共 36.5 万 t/a。常压氧浸企业三座，产能共 35 万 t/a。

我国锌冶炼技术发展的主体是湿法冶金，湿法炼锌工艺的标准流程是锌精矿焙烧—浸出—净液—电积—电锌产品。我国企业的工艺、装备水平、生产指标，和世界同类企业不相上下，由于多年来对常规焙烧湿法炼锌工艺及装备进行了许多技术装备的改进，使有的企业和技术进入世界先进行列。

关于氧压浸出和常压氧浸技术，我国起步较晚。2002 年才由云南冶金公司研究成功了具有自主知识产权的氧压浸出技术，并于 2004 年后才在云南、内蒙古等有关企业推广应用。2007 年中金岭南丹霞冶炼厂引进了加拿大 SHERRITT 公司的氧压浸出技术，于 2009 年投产，目前尚存在粗硫磺处理及堆存问题。常压富氧浸出技术由株洲冶炼厂于 2002 年引进了奥托昆普的技术，于 2009 年投产，目前正逐步走向工艺连续正常运转。

低品位氧化锌矿直接浸出工艺的技术突破和硫化锌精矿与氧化锌矿联合浸出工艺的发明，是我国科技人员对世界锌冶金技术学科的贡献。由于这两个工艺的研究成功使世界上量大面广的复杂难处理氧化矿和氧化、硫化混合矿能够得到开发应用，为世界锌工业的可持续发展提供了技术支撑。

5. 锡、锑、铋冶金工程技术学科比较

这三种金属的冶炼技术，中国一直处于世界领先地位，最近几年，又在原有基础上，吸收了其他金属冶炼新工艺的原理，开发了若干新技术，对提高金属实收率、节能降耗、改善环保等方面起了很大的作用。

由云锡公司引进奥斯麦特炉并与本身特有的烟化炉工艺相结合，首创了高效、低耗、节能的炼锡新工艺，由云锡、华锡和昆明理工大等研究的高效锡精炼技术，是我国对世界锡冶金技术的新贡献。

由中国恩菲公司等开发的脆硫铅锑精矿（铅锑混合精矿）氧气底吹熔炼—液态渣还原炼铅锑工艺，环保好、能耗低、成本低、投资省，是对锑冶金技术的重大创新。

由北京矿冶研究总院研究的矿浆电解和中南大学研究的铋精矿的低温碱性熔炼工艺，为铋的冶金技术发展提供了新希望。

四、重有色金属冶金工程技术学科发展趋势及展望

我国重有色金属冶金技术学科今后的发展，要以现有技术装备水平已经达到、或接近、或已超越国际先进水平的各种实际为基础，结合我国国情和国际发展新动向，进一步开展更加深入的研究、开发和推广，尽快缩小已有差距，研究开发出更多的创新技术，为全面推动我国重有色金属工业整体技术向更高层次发展、为世界重有色工程技术学科的发展作出新的贡献。今后发展的重点是紧紧围绕解决制约发展的资源、能源和环境的关键技术问题开展研究和开发。

1）针对我国资源特点，全面开展低品位复杂难处理矿产资源的开发利用技术，资源综合利用技术、金属分离提取技术。进一步加强二次资源回收利用技术研究。各金属今后发展的重点如下。

铜：首先是要研究氧化铜矿开发利用的选、冶技术，近期要特别重视进一步巩固和发展现有的浸出—萃取—电积湿法处理技术，扩大堆浸规模，解决就地浸矿技术问题和研究其适应性，开发生物冶金新菌种和扩大其应用范围，研究特种矿物的浸出剂，提高萃取分离能力和资源综合利用水平，深入研究有效的保护生态环境的安全绿色生产工艺；其次是要紧跟资源外向型发展的趋势，紧密结合引进或海外投资矿产项目，及时开展选冶技术研究，为企业发展做好服务。

镍钴：主要是进一步研究国内外红土矿资源的高效、清洁开发和处理技术，提高镍、钴和其他有价元素的综合回收率，确保环境清洁安全。

铅锌：主要是低品位难选冶复杂氧化矿的开发利用。近期一要扩大已开发的低品位氧化锌矿直接浸出工艺和硫化锌精矿与氧化锌矿联合浸出工艺的推广应用。二要进一步加深氧化矿选矿和冶金分离的基础理论研究和应用技术的开发。

锡锑铋：继续深入开展大厂、云锡、柿竹园复杂多金属资源的选、冶技术研究，进一步提高资源综合利用水平。

2）针对重有色金属工业高能耗的特点和能源紧缺的国情，进一步加强高效节能技术的研究和开发，以保证重有色金属工业的可持续发展。

一是要巩固和发展现有各种引进和自主开发技术装备的先进性。例如：火法冶金的闪速冶炼、富氧熔池熔炼等各种炉型和技术，以及顶吹、底吹和侧吹等各种氧气吹炼技术；湿法冶金的各种矿石浸出、萃取分离及电解或电积技术等。尽快将它们的各种先进技术在行业内全面推广应用。二是要加强正在进行的各种节能短流程研究和开发，尽快把各种思路、设想变为现实。三是进一步开展各种火法、湿法辅助原材料的研究和开发，如：火

法的耐火材料、湿法的浸出剂和萃取剂等等，以使主体工艺技术装备发挥更大的更好的效果。具体各金属的重点如下。

铜：一是要进一步提高闪速冶炼、艾萨冶炼和双闪速、双澳斯曼特技术的各项技术经济指标，比较它们的优异性，取长补短，提供未来发展的新思考；抓紧闪速冶炼和熔池熔炼结合的高效节能短流程的研发，以使其技术原型尽快实现；二是要继续发展和提高堆浸、生物浸矿、就地溶浸、搅拌池浸等湿法节能工艺技术。要结合我国国情，从技术上扩大它们的生产规模。要根据不同处理对象研究高效浸出剂和处理工艺流程，尽量扩展其适应范围，以使更多的难处理低品位矿得到开发利用。

镍钴：一是巩固和发展已研究成功的闪速合成炉和澳斯麦特富氧顶吹熔池炼镍炉技术；二是继续研究和发展高 MgO 镍资源的选冶技术；三是继续研究和开发更高效的高镍锍综合回收镍、钴、贵金属技术；四是进一步研究开发高效红土矿的冶金技术。

铅：一是要加强现有底吹熔炼—底(侧)吹吹炼节能技术的完善和推广；二是加强艾萨—鼓风炉技术的完善和提高，抓紧引进基夫赛特法的建设和投产；三是加强粗铅精炼技术装备水平的进一步提高和发展；四是进一步总结现有各种工艺流程的优缺点，扩展思路，争取创新更高效节能环保的炼铅新工艺 。

锌：一是要加强自主研究开发的氧压浸出技术的进一步完善和推广，抓紧引进的氧压浸出技术的完善并经验总结；二是抓紧引进的常压氧浸技术的达产达标和技术总结；三是进行引进和自主研究的浸出技术优缺点比较，努力创新出更优异的湿法炼锌新技术；四是进一步完善已有氧化锌湿法冶炼技术，研究开发更高效的湿法新工艺。

锡锑铋：一是进一步提高、发展和推广云锡公司创新的奥斯麦特炉—烟化炉炼锡新技术；二是完善、发展和推广中国恩菲公司等开发的脆硫铅锑精矿(铅锑混合精矿)氧气底吹熔炼—液态渣还原炼铅锑新技术；三是进一步研究完善北京矿冶研究总院研究的矿浆电解和中南大学研究的铋精矿的低温碱性熔炼工艺。

3)针对重金属污染成为我国当前主要污染源的严重问题，重金属冶金工程技术学科必须把消除污染、保护环境作为未来研究发展的重中之重。

今后必须首先解决现有生产过程中的污染问题。研究解决重有色金属生产企业的冶金渣的综合回收和无害化处理，研究和推广重有色金属企业生产过程废水治理和循环利用技术，研究和解决低浓度 SO_2、CO_2 和其他有害气体的治理。特别要重视重金属对大江大河的污染、对粮食和经济作物的污染，血铅对儿童的危害。

解决重金属污染问题，更应该从生产工艺源头解决问题。要重点支持无污染生产新工艺的研究和发展，研究支持三废高效治理技术的研究和发展。火法生产要重点支持生产过程连续、密闭的短流程的研究和推广，例如氧气底吹熔炼—液态渣吹炼技术等。湿法冶炼要支持无三废排放的密闭循环工艺流程的研究和推广。总之，研究创新绿色高效的流程是今后发展的重有色冶金工程技术学科发展的主要方向。

4)加强二次资源回收利用技术的研究和开发，制定相应的促进和鼓励二次资源回收的政策；

5)建立鼓励自主创新的机制，加强人才梯队建设，切实推进产学研一体化进程，建立产业技术创新联盟，造就一支高水平的具有创新与攻坚能力的科研队伍。

参考文献

[1] 彭容秋.镍冶金.长沙:中南大学出版社,2005.

[2] 黄其兴,王立用,朱鼎元.镍冶金学.北京:中国科学技术出版社,1990.

[3] 北京有色冶金设计研究院.重有色冶金设计手册:铜镍卷.北京:冶金工业出版社,1996.

[4] 北京有色冶金设计研究院.重有色金属冶炼设计手册.北京:冶金工业出版社,2004.

[5] 陈国发,王德全.铅冶金学.北京:冶金工业出版社,2000.

[6] 张杰磊."国内铅电解技术概况及分析".

[7] 张伟健.铅锌密闭鼓风炉冶炼.长沙:中南大学出版社,2010.

[8] 邱定蕃,徐传华.有色金属资源循环利用.北京:冶金工业出版社,2006.

[9] 中国有色金属工业协会.中国有色金属工业年鉴(2005—2010).

[10] 张洪国.有色金属进展.长沙:中南大学出版社,2007.

[11] 中国有色金属工业协会.中国有色金属工业发展报告(2005—2010).

撰稿人:黄其兴　王建铭　王忠实　徐庆新　陆业大

轻金属冶炼分学科研究进展

一、前言

轻金属是指密度在 4.5g/cm³ 以下的金属：铝、镁、钠、钾、钙、锶、钡 7 个元素。本专题报告仅叙述铝(Al)和镁(Mg)两种金属，又由于生产金属铝的原料——氧化铝生产也包括在轻金属冶金学科范围内，因此本报告分氧化铝、铝和镁三个部分。

二、近年来国内轻金属冶金工程技术学科的重要发展

(一)氧化铝学科的重要发展

与国外不同，我国氧化铝工业使用的原料极少是优质三水铝石资源，大部分是碱难溶的一水硬铝石资源，且大部分还是含硅高的中低品位矿。所以，我国氧化铝工业的生产工艺不是像国际上大多数企业那样采用单一的拜耳法工艺，而是因矿石原料而异，自主研究开发烧结法、联合法和适合于一水硬铝石的拜耳法，形成了世界上独一无二的中国氧化铝生产技术体系。近年来我国铝土矿质量已出现明显下降趋势，为了保证可持续发展，在以往研究的基础上，开展了进一步更加深入的研究。在学术上，进一步发展了一水硬铝石生产氧化铝的基础理论；在技术上，研究开发了一批新的具有自主知识产权的生产技术，有力地推动和支撑了我国氧化铝工业的发展，使我国成为世界氧化铝工业第一大国。

1. 发展了以消除硅的影响、节能减排和提高生产效率为主要内容的理论和技术

(1)消除硅对生产影响新的技术思路和技术发展

硅是影响氧化铝生产的主要有害元素，它的存在将大幅增加碱的消耗和氧化铝的损失，提高了生产成本。近年来通过对各种氧化铝生产过程产生的赤泥的物相分析，发现脱硅产物的矿物组成是影响氧化铝生产效率和主要消耗指标的决定性因素。所以尽量消除或减少硅对生产过程的影响，设计出可行的高效脱硅产物以及相应的工艺条件，是开发出高效低耗生产氧化铝工艺技术的基础，是氧化铝生产的主要技术关键。对解决硅影响的技术思路和开发的新技术叙述如下：

1)提出了矿石选矿脱硅提高原料铝硅比，再用选精矿拜耳法生产氧化铝的技术思路，并研究创新成功了具有我国自主知识产权的选矿-拜耳法生产氧化铝新工艺。由于该项研究成果可将高硅中低品位矿变为能直接用于低成本拜耳法工艺的优质原料，有效解决了中低品位矿生产的技术关键，因此，该项成果很快在联合法工艺的氧化铝厂得到全面的应用推广，为我国氧化铝工业的可持续发展作出了贡献。

2)石灰拜耳法也是我国科技工作者首次开发的另一个处理中等品位铝土矿的新技

术。该技术的核心技术思路:通过添加多量的石灰,将拜耳法溶出赤泥中的脱硅产物从高碱含量的钠硅渣(水合铝硅酸钠)转变为水化石榴石(水合铝硅酸钙),从而降低赤泥碱含量。该技术不改变拜耳法生产流程,只需在处理中低品位矿的拜耳法配料时添加适当多的石灰,就可明显降低赤泥中的碱含量和生产碱耗,因此也已在多家企业得到应用。

3)近几年我国科技工作者又原创了湿法串联新工艺,实现高效低耗处理低品位铝土矿。湿法串联新工艺的技术思路是:利用湿法处理的方法回收拜耳赤泥中的碱和氧化铝,与拜耳—烧结联合法相比,大大降低回收能耗;同时,开发了湿法处理工艺条件,使处理后的弃赤泥中的主要脱硅产物变为含铁水化石榴石,从而大大提高碱和氧化铝的回收率。该技术已完成工业试验,证明是一项高效率、低能耗的处理方法。比拜耳—烧结联合法具有明显的技术竞争优势。

(2)提出了系统节能思路,全面开发应用了一批重要节能技术

我国氧化铝技术界在研究关键工序节能技术的基础上,提出了系统节能的思路,将整个生产过程视为一个系统,通过热力学分析,计算出氧化铝生产过程的理论能耗,与实际能耗对比,寻找能耗的差异以及影响系统能耗的瓶颈环节,从而分析局部能耗与总能耗的关系,确立节能技术的主攻方向。同时,建立系统的能流图,从系统工程的角度,寻求最优的节能途径。从这一思路出发相继研究开发成功了一批重要节能技术,并用于生产达到了很好的节能效果。例如:

拜耳法溶出工序在广泛应用了间接加热、强化溶出技术的基础上,自主开发了套管预热、停留罐溶出技术以及高温双流法溶出技术等,大大减少了蒸发水量,提高了溶出效果,节能效果显著。母液蒸发工序大量采用降膜蒸发代替自然蒸发技术,将蒸发汽水比从0.4以上降低到0.3左右。氢氧化铝焙烧已全面采用流态化焙烧技术,特别是气体悬浮焙烧技术和循环床焙烧技术,焙烧能耗已从过去回转窑焙烧120kg标煤降低到现在的75kg标煤的水平。此外,还有低铝硅比烧成技术、提高了熟料溶出浆液的氧化铝浓度和烧结法粗液与拜耳法溶出矿浆合流技术等,有效降低了烧结法的能耗,简化了烧结法流程,实现了联合法的节能。

氧化铝生产炉窑余热利用是节能的重要方面,近年来进展明显。目前煤气炉烟气余热利用生产低压蒸汽的技术已得到产业化应用,氢氧化铝焙烧炉的烟气用于加热洗涤用水已成功推广,利用自蒸发乏汽加热预脱硅矿浆和蒸发后冷凝水用于锅炉回水等已广泛应用。其他含水和含硫烟气的余热利用技术也正在研究中。

(3)提高氧化铝生产过程效率的研究及其技术创新

我国氧化铝学术界通过对氧化铝生产循环过程的系统研究,提出提高过程效率的技术思路,即可以通过降低分解原液分子比、提高循环母液及种子分解原液的碱浓度等方式,能有效地提高过程效率。

根据这一思路,提出并研究开发成功了高浓度生产技术和加矿后增浓技术。采用提高拜耳法循环碱液浓度的方法,将溶出碱浓度提高到230g/L以上,甚至245g/L,大大提高了溶出工序的产出率,降低了溶出单位能耗。对高压溶出矿浆实施加矿后增浓,充分利用溶出矿浆的余热,大大降低了分解原液的苛性比,提高了分解率和循环效率,达到节能和提高生产效率的双重目的。

(4)研究开发了生产过程化学添加剂的应用技术,有效提高了生产效率

各种新型高效的絮凝剂应用于拜耳赤泥、烧结法赤泥的沉降、稀释过程。在絮凝剂的选择、添加量、添加方式和地点等技术的优化方面取得了长足的进步,大大提高了赤泥分离洗涤效率,降低了碱耗和水解损失。拜耳法种分系统研究应用了 CGM(结晶助剂),优化了产品粒度和强度。在氢氧化铝过滤过程中研究应用了脱水剂,使滤饼中的水分降低到 5%以下,明显降低了焙烧能耗。在母液蒸发器中研究应用了防垢剂,明显减轻了蒸发结疤速度。

2. 研究开发成功了一水硬铝石制备砂状氧化铝和综合回收资源中有价元素的工艺技术

由于我国铝土矿资源为一水硬铝石、且品位低,拜耳法和烧结法工艺均不能生产出国际上铝电解通用的高质量的砂状氧化铝,长期以来只能生产粒度细的粉状氧化铝。拜耳法不能生产砂状氧化铝的原因是种分原液的碱浓度高且苛性比也较高,大颗粒的砂状结晶难于生成。烧结法的原因是碳分速度快,大颗粒砂状生长难于精确控制。近年来,通过大量基础性研究和工业试验,解决了拜耳法和烧结法生产砂状氧化铝的技术关键,开发出拜耳法"高温附聚、低温长大、中等固含"的技术路线以及超前监测和预报等关键技术。开发出烧结法精液降温、控制碳分速度、循环加种等关键技术,形成连续碳分生产砂状氧化铝生产技术。

我国铝土矿资源中伴生有镓、钒等有价金属元素。在多年来相继研究成功烧结法和拜耳法回收金属镓的工艺技术后,近年来又研究成功了金属钒的回收技术,进一步提高了经济效益和资源利用率。

3. 研究开发成功了保护生态环境的赤泥堆存和综合利用技术以及废矿坑复垦还田技术

我国赤泥堆存和综合利用技术取得了重大进展。烧结法和拜耳法赤泥混合筑坝以及坝体绿化技术已开发成功。高铁赤泥磁选提取铁精矿技术已大规模推广应用。赤泥和粉煤灰渣生产建筑材料的技术开发也获得了成功。广西铝土矿开采后的废矿坑实施了复垦还田,并已推广应用。以上这些技术的研究和推广,为铝土矿周边生态环境的改善提供了有效的技术支撑。

4. 研发和推广了大型高效生产设备和控制技术

(1)烧结法熟料溶出矿浆中的赤泥快速分离设备

通过多年研究,开发出用于烧结法熟料溶出的具有连续自清洗功能的带式过滤机,可使溶出矿浆快速分离洗涤,减少了赤泥由原硅酸钙二次反应所导致的氧化铝和碱的损失,大大提高溶出率。其关键技术是自清洗工艺设备、滤布的选择等。

(2)大型间接加热强化溶出设备

套管预热、停留罐溶出技术进行了重大的改进,主要包括单套管预热改为多管预热,加热介质由熔盐改为高压蒸汽,新蒸汽冷凝水的余热得到应用。该技术优化后,进一步降低了溶出能耗,提高了系列设备产能,降低了单位成本。

(3)大型高效过滤设备

大型自动压滤机和立式叶滤机等过滤装备得到开发应用。自动压滤机除用于赤泥的

快速高效分离外，还用于选精矿的过滤以降低选精矿水分。大型立式叶滤机也已得到广泛应用，减轻了劳动强度，提高了过程效率。

(4)在线检测技术和生产过程自动控制全面发展

我国氧化铝工业在线检测和控制技术也得到了较快发展。非接触检测液位、流速等设备技术、各种物料的在线计量装置以及软测量技术已经应用于氧化铝厂。生产过程控制和管理信息化已从局部发展到全厂网络化控制和管理，大大提高了生产效率和管理水平。

(二)电解铝学科的重大发展

我国电解铝工业发展迅猛，自 2001 年以来原铝产量已连续 9 年居世界第一。当前我国铝工业在世界铝电解工业发展中已具有举足轻重的作用，2009 年我国原铝产量已占世界总产量的 35.4%，电解铝生产工艺技术也已达到了国际先进水平。在 20 世纪后 30 年自主研发小型预焙阳极铝电解槽、引进消化 160kA 和开发 180kA 预焙阳极铝电解槽技术，以及 90 年代集中国内优势力量自主研究成功了当时国际最大型的 280kA 预焙阳极铝电解槽技术的基础上，21 世纪以来电解铝技术装备进入了高速发展时期，先后迅速发展了 200kA、240kA、280kA、300kA、320kA、350kA、375kA 和当前国际上最大型 400kA 生产系列预焙槽成套技术，500kA 及 600kA 特大型预焙槽技术也正在研发中。2009 年我国各槽型占总产能的比例如表 1 所示。

表 1 我国各槽型占总产能的比例

槽 型	所占比例/%
160kA～200kA	6.43
200kA～300kA	39.82
300kA～400kA	30.68
400kA 以上	12.06

随着国家宏观调控与节能减排刚性要求增大及铝电解技术进步，我国铝电解吨铝电耗也逐年下降，如表 2 所示。2009 年我国铝电解工业平均直流电耗 13118kW·h/t－Al，部分企业电解铝能耗指标已降低到 12800kW·h/t－Al。特别是近两年来，由于高效节能的异型阴极结构电解槽的发明，使我国铝电解节能技术登上了世界领先地位。2009 年华东铝业整系列 94 台 200kA 异型阴极电解槽平均直流电耗达到 12043 kW·h/t－Al 的世界领先水平。

表 2 中国电解铝工业 2003～2009 年吨铝电耗 单位：kW·h/t－Al

年份	2003 年	2004 年	2005 年	2006 年	2007 年	2008 年	2009 年
直流电耗	13833	13672	13525	13524	13413	13254	13118
综合电耗	15030	14683	14575	14697	14488	14283	14171

我国铝电解生产的其他各种与大型预焙槽和节能减排发展相适应的技术和装备，如自动化信息技术、烟气治理技术、阴阳极和筑炉材料也有很大发展。可以说，我国铝电解工业技术已经进入引领世界电解铝工业技术发展的历程。

1. 铝电解槽物理场仿真技术

铝电解槽存在着电—磁—热—流—力—浓度等相互作用的物理场，近年来，我国在铝电解槽物理场仿真技术领域集中开展了电—磁—流场与电—热—应力场的仿真计算，并将仿真技术有效应用于铝电解槽的结构设计与工艺优化。在电—磁—流场仿真技术方面，电磁场耦合计算方法日渐成熟，近年来的研究重点除了进一步对计算方法的优化之外，更多的是集中在应用电磁场分布对电解槽结构和母线设计进行优化。在电—热—应力场仿真技术方面，国内已经对电解槽二维槽帮、热平衡、内衬应力、槽壳应力及电解槽启动时热冲击对内衬结构的影响等进行了深入的研究。以上研究中有些已获得高水平的研究成果，并有部分已经直接用于指导生产和设计，为我国铝电解工业的高速发展提供了理论支撑。

2. 大型预焙铝阳极电解槽设计技术

我国大型预焙阳极铝电解槽设计技术起步较晚，但进步迅速，目前已经处于世界领先水平。尤其是自主设计的一批 300kA、320kA、350kA 及 400kA 等大型预焙槽已得到广泛推广应用。我国已于 2005 年在世界上率先全部淘汰了环保差、能耗高的落后的自焙阳极电解槽，成为世界上唯一全部应用先进的现代化大型预焙阳极铝电解槽技术的国家。我国 300kA 级的大型预焙槽及成套配套装备与技术已出口海外市场，其中在印度、伊朗、哈萨克斯坦等国由我国设计和承包建设的铝电解工程项目已成功投入运行。

我国铝冶炼工程学科所研发的一些先进节能技术正逐渐应用到铝电解槽的设计上：①使用高质量阴极（低电阻率、高导热率、高抗钠膨胀性），以追求更低的直流电耗，更高的槽寿命和更好的电解槽运行稳定性；②开发“保温型”铝电解槽，以满足“低电压型”铝电解新工艺的要求；③提高阳极电流密度，达到提高电解槽单位面积产能的目的；④不断改进电解槽集气效率和烟气净化效率；⑤配套使用更先进的自动化、信息化技术。

3. 新型阴极结构铝电解槽与高效节能铝电解技术

近年来，我国铝电解节能技术取得了重大突破，一批节能效果显著的新型阴极结构铝电解槽与高效铝电解节能技术先后研究成功并用于生产，引起了国内外很大的反响，中国继率先实现铝电解槽预焙化、大型化后，又引领了世界铝电解工业节能的新潮流。

东北大学冯乃祥教授率先于 2007 年发明了铝电解槽的异形阴极结构，并与重庆天泰铝业公司合作，进行了三台 168kA 异形阴极结构铝电解槽的工业试验，取得了电解槽的平均槽电压从 4.1V 降低到了 3.75～3.78V，吨铝节电 1100 kW·h/t－Al 的好结果。从而引发了我国铝电解节能技术研发的新高潮。2009 年 6 月，东北大学又与华东铝业合作，在全系列 94 台 200kA 预焙阳极电解槽上进行了新型阴极结构的扩大试验，取得了平均直流电耗 12043 kW·h/t－Al、原铝可比交流电耗 12500 kW·h/t－Al、综合交流电耗 12700 kW·h/t－Al，比 2009 年全国电解铝厂平均综合交流电耗低 1380kW·h/t－Al 的节电效果，达到了世界领先水平。同时 94 台试验槽也验证了新型阴极结构电解槽阴极凸起的消耗速度可以在10mm/a以下，解决了新型阴极结构电解槽的寿命问题。

2008年年底中国铝业公司开发了一种新型结构导流型电解槽，试验槽工作电压降低到3.7V，电流效率达到94%，直流电耗达12000 kW·h/t－Al。该项技术现已在中铝公司内部得到大面积推广应用。其他一些单位也先后研发了相应的异型阴极技术，如云南铝业与中南大学的曲面阴极、沈阳铝镁院的阻流块技术，也达到了相类似的节能效果。

近年来，中南大学、东北大学和中国铝业公司等与企业合作，开发了多种低温低电压铝电解新技术，例如，中南大学与郑州龙祥铝业公司合作，在不需要停电改造电解槽的前提下，通过工艺与控制技术升级，实施电流强化条件下的低温（930℃左右）和低电压（3.85V）新工艺，实现了160kA和200kA两个电解系列的强化、节能与增效三重目标，不仅电流强化（即产能提升）12.5%，而且将全系列平均电流效率提高到93.5%以上，平均直流电耗降低到12400kW·h/t－Al以下。

国内在阳极结构改进方面也开展了卓有成效的研究。阳极开槽技术有利炉内气体排出，对降低电耗作用明显，因而已有较广的应用推广。最近重庆天泰公司等研究了阳极穿孔技术，节电效果优于阳极开槽，可节电400～500kW·h/t－Al。该公司还进行了阳极穿孔技术与异性阴极配套试验，结果可将槽电压降至3.65V，但电流效率有所降低。该技术尚需进一步强化保温等措施继续试验予以验证。

上述各类新技术及新槽型的理论基础，本质上都是在保证电解生产维持高电流效率的前提下，采取降低极距、减少铝液波动等有效措施，实现铝电解槽工作电压的降低，达到大幅降低电耗的目的。但是上述技术在应用中，将出现随工作电压的降低电解槽热收入量相应减少的问题，故而必须采用保温型电解槽和低温铝电解技术进行配合，才有可能保持电解槽的热平衡。同时相关研究表明，降低电解温度可减少铝的二次损失，这也为维持高电流效率提供了有利条件。

综上所述，开发并应用低温低电压技术将是实现高效节能铝电解的现实且有效的途径，但仍需进一步努力，以使该项技术发展得更完善、更高效。

4. 自动控制与信息技术

随着铝电解槽的预焙化和大型化，与之相配套的自动控制和信息化技术也得到相应的快速发展。从20世纪80年的单板机控制，到自适应控制，到模糊控制，到智能模糊控制。从单槽控制，到系列控制，再到管控一体化、网络化。

近年来，中铝国际贵阳铝镁设计研究院在研究开发铝电解“双平衡”控制技术的基础上，又以提高铝电解槽的电流效率和能量利用率为目标，提出并研究成功了基于计算机动态智能寻找铝电解“三度”（电解质初晶温度、过热度和氧化铝浓度）的合理区间的三度寻优技术，并已在中铝公司得到广泛推广应用。在铝电解控制系统的硬件体系开发方面，中南大学、中国铝业公司等开发的具有FCS（现场总线型控制系统）结构形式的新型控制系统也在铝电解企业中广泛应用。

为了适应“低温低电压”型铝电解工艺，中南大学等单位开发了一种“智能多环协同优化与应用控制技术”。该技术提出了电解槽处于高电流密度与低工作电压相结合的“极端”工作条件下的多目标（高电效、低电耗、低排放、高稳定）综合优化函数构造方法；提出了基于多目标综合优化的电解槽多参数临界状态（包括临界极距、临界过热度和临界氧化铝浓度)动态智能辨识的思想与方法;并提出了基于多目标综合优化、多参数临界状态动态智能辨识的智能多环(物料平衡控制环、热平衡控制环和稳定性控制环)协同优化与控制的思想与方法。在郑州龙祥铝业有限公司的实施,获得了可观的经济效益。

随着IT技术的发展,一些高校、研究单位,如中南大学、北方工业大学与大中型铝电解企业合作,将一些新的信息处理技术(例如数据仓库与数据挖掘技术)引入到铝电解控制系统的槽况分析与工艺分析中,并且将ERP(整体资源优化)和CIMS(流程工业现代集成制造系统)的概念与技术推向了铝电解企业,促进了企业管理信息系统向技术更完备、更先进的管控一体化发展。

5. 电极材料与筑炉材料

近年来,预焙阳极电解槽的不断大型化,对电极材料和筑炉材料的质量提出了越来越严格的要求。为此铝电解学科,对大型预焙槽的电极材料和筑炉材料展开了进一步深入研究。

中铝公司轻金属研究院对国产阳极碳素材料进行了全面调研,并在此基础上完成了有关研究,提出了Na、S等元素对阳极质量的影响关系,为制订阳极质量的新标准提供了依据。

近年来,阴极材料在提高槽寿命和降低阴极电压降追求的推动下,使过去单一使用无烟煤阴极炭块的局面已经被完全改变,先后研究成功了高石墨质、半石墨质及硼化钛复合等阴极材料及其制备技术。目前被广泛应用的主流材料是性价比适中的“半石墨质”炭块。

在电解槽筑炉材料的开发方面也取得了可喜的成果。氮化硅黏结碳化硅的阴极侧部复合材料已成功用于大容量预焙槽,为保持铝电解槽优良的热平衡发挥了重要作用。同时,这种材料也大量出口海外。近两年,随着低电压操作的新型阴极结构电解槽的研发成功,原相对高电压电解槽的热平衡受到了破坏,原有电解槽的散热观念和措施已被新的保温观念和措施所取代,一批新的电解槽保温技术和保温材料正在不断相继研发和创新。

6. 烟气净化与环保技术

铝电解烟气含有大量粉尘及二氧化碳和氟化物等有害气体,是铝电解生产环保治理的主要对象。电解槽烟气净化处理通常分为湿法净化和干法净化。目前广泛应用的是性价比相对优异的干法净化技术。国内采用的是长袋脉冲袋式除尘器,除尘效率达到99.8%,总氟净化效率达到99.5%,达到了国际先进水平。此外,中铝国际贵阳铝镁设计研究院自主研出n型逆流两级喷射干法净化吸附技术也已获得广泛应用,其HF排放浓度低于2mg/Nm^3,粉尘浓度低于5mg/Nm^3。在大中型企业中,近年来将计算机网络及控制技术应用于烟气净化系统中,为企业实现管控一体化创造了条件。为减少电解过程碳氟化合物等温室效应气体的产生,我国铝业界开发了降低阳极效应系数的系列工业应用技术。目前,国内铝电解企业的阳极效应系数已普遍控制在0.05次/槽·日水平,极大地降低了含氟化合物气体排放

7. 大型铝电解槽系列不停电(全电流)停开槽技术

长期以来,铝电解生产中单台槽在停槽、开槽以及大修焊接时必须系列停电,成为困

扰铝电解行业的共性难题。国际上美铝、法铝和许多专业开关制造商(如德国RITTER公司、法国菲拉斯公司)都曾致力于开发能够实现不停电就可以停、开电解槽的方法和装置。国内也曾在小型电解槽上应用了“坐槽法停槽短路”技术和“降负荷短路操作”停槽技术,但这些技术在大、中型槽成为主流槽型的当今不具有应用价值。近年来,在国家重大产业技术开发专项课题的资助下,河南中孚实业股份有限公司、华中科技大学、郑州中实赛尔科技有限公司等单位联合开发出具有自主知识产权的铝电解系列全电流条件下停开槽技术(即铝电解槽专用不停电停开槽技术与装置),其主要技术包括不停电停槽、不停电开槽技术、大修不停电焊接技术,并且适用于各种容量的铝电解槽。该技术解决了铝电解系列单槽停、开槽等作业不需系列停电的技术难题,实现了非事故条件下电解铝不停电生产。该技术消除了系列停电对整流装置及电网的冲击,改善了电解系列的运行稳定性,有利于提高电解槽、发电设备的寿命和能源利用率,大幅度降低能耗,减少废弃物排放。目前,该技术正在全国范围内进行推广应用。

除了上述主要成果外,其他还在低温电解、物料输送和生产辅助设备等方面也有很大的进步。总之,我国铝电解技术进步快、成绩显著,有力地支撑了铝电解工业的高速发展。

(三)镁冶金学科的重要发展

镁是重要的轻金属,由于它的密度比铝还小1/3,因而它在航空、航天、交通运输和其他需要减重的军用、民用产品中得到越来越广泛的应用。随着世界镁应用技术的发展,镁已成为产量仅次于铝、铜、铅、锌的第五大有色金属。我国镁资源丰富,加上符合我国现阶段国情的、简单且低成本的皮江法的广泛应用,使我国镁冶炼工业在20世纪90年代起就得到了快速发展。从1999年至今,我国一直是世界首位产镁大国和出口大国,2008年镁产量63.07万t。21世纪以来,在产量剧增的同时,镁冶金工程学科在镁冶炼技术和应用技术方面也进行了不断的创新。经过我国创新的皮江法技术明显降低了能耗和对环境的污染,经过发展的电解法技术进一步提高了技术水平和降低了成本。特别是镁的应用技术,在国家的大力扶持下更是发展迅速,应用领域不断扩展,新产品不断增加,我国也正在成为世界镁应用大国。

1. 皮江法炼镁技术的创新

皮江法镁冶炼工艺是加拿大人皮江(L. M. Pidgeon)于1941年发明的。由于它是热还原法,具有工艺技术简单、成本低的优点,多年来一直是世界镁冶炼的主要生产工艺。但由于它又同时存在能耗高、对环境污染严重的缺点,所以在当今越来越注重节能减排的新时期,它的应用也受到了越来越多的限制。我国是世界上应用皮江法最广泛的国家,近年来为了使低成本的皮江法适应节能减排的要求,我国科技人员对皮江法进行了大量改进和创新,有力地推动了皮江法的技术进步,使其逐步发展成为符合清洁生产要求的低能耗低成本的中国式镁冶炼工艺。我国对皮江法工艺的创新如下。

(1)调整能源结构,应用清洁能源(天然气、焦炉煤气、半焦气、发生炉煤气等)

利用清洁能源企业显著增加。20世纪80年代末皮江法起步时,多数企业以直接燃煤生产,只有几家企业使用发生炉煤气。2005年以气体燃料生产企业达37家(占全部生产企业的36%),经2006—2008年淘汰落后和利用节能环保技术改造后,至2009年使用清洁能源企业 59 家，合计产能、产量分别占行业生产企业的 91.88%和 94.29%，进入 2010 年后使用天然气企业已增至 5 家(产能 10 万吨)。

(2)提升装备技术水平，改善指标

1)煅烧工序充分利用余热，实现节能。

针对原混烧竖窑和平窑能耗高(吨镁煅白耗标煤 2.5～3t)和污染环境的问题，创新出新型节能环保型的燃气可控竖窑和带竖式预热器、竖式冷却器的回转窑。其主要技术特点和创新点如下：①燃气可控竖窑通过对煤、白云石混烧竖窑的改进，以发生炉煤气为燃料，对装有矿石的煅烧室多部位供热，炉底部自然落料，用风量、炉温自动控制，操作方便，降低能耗，产品质量稳定，窑尾气体降温后布袋除尘，利于环保治理；②带竖式预热器、竖式冷凝器的节能环保型回转窑，窑尾加装竖式预热器，使烟气余热预热矿石(约 850℃)后降至 200～250℃，回收尾气余热，同时便于脉冲布袋除尘。该回转窑长径比由传统的 20～25 改为 14～15，比传统回转窑短，减少表面散热和占地面积。窑头出料采用竖式冷却器，通过鼓入的二次风换热既冷却煅白(<100℃)，又预热空气(600℃)。冷却器和窑头罩采用一体化设计，占地少密封好，减少废气排放，利于环保。目前采用燃气可控竖窑代用普通回转窑的企业增至 15 家(镁产能占全国 30%)，吨煅白节能 1/3。竖式预热器与冷却器回转窑有 23 家企业(镁产能占全国 37%)，用该设备不仅比普通回转窑节能 40%，还能提高窑的产能 40%。

其他尚剩的普通回转窑，也都进行了利用回转窑尾气余热带余热锅炉(用于射流真空)或用回转窑尾气预热空气(300℃)助燃等技术改造，充分利用了尾气的余热，比改造前吨镁节能约 10%。

2)还原工艺：优化还原炉结构，采用蓄热式高温空气燃烧技术和余热利用技术，节能减排效果明显。

优化还原炉结构，加长还原罐，机械化出渣，提高还原镁产量。

同翔镁业双侧单排 22 只、24 只加长罐(3100mm)，改造先期 39 只(双侧单排)和 50 只(双侧双排)蓄热还原炉，炉温均匀，用机械出渣，使还原罐降温少，加料后升温快(<1.5 小时)，还原周期同为 12 小时，单罐(φ339mm)产镁 29～32kg，较改造前提高产量 16%～19%，节能 5%。机械化出渣人性化作业，改善劳动条件，取得节能、增效、环保效果。

还原、精炼采用蓄热技术，节能减排效果显著。

2005 年太原易威、同翔镁业自行研发蓄热技术，同时部分炉窑热能公司(如北京恒拓、北京沃克、山西博洋、山西龙镁)也提供蓄热技术，以清洁能源利用还原炉余热(1000℃)预热助燃空气，单预热或低热值煤气双预热，温度可达 900℃，降低排放尾气温度(<150℃)。进行还原炉改造，可提高热能利用率，如改造前还原煤耗 5～6t 标煤/t 镁，改造后还原能耗少于 3t 标煤/t 镁，还原工序节能 40%～50%，目前有近 50 家企业采用了蓄热技术。

精炼工序：精炼烟气通过防腐蚀、耐高温陶瓷换热器，实现蓄热燃烧用于粗镁精炼，并采用 PLC 自动控制程序。闻喜银光与北科大合作将该技术用于生产，精炼能耗约 0.2t 标煤/t 镁。

煅烧、还原、精炼技术经过不断改进，能耗指标显著改善，吨镁降低能耗 30%以上，特别是采用清洁能源后 CO_2 排放量大大降低。

3)新型竖罐节能还原技术,研发与应用取得新成效。

为提升还原工艺与装备水平,近两年山西龙镁、山西科德和郑州麦格姆镁科技等公司不断研发,将还原罐竖向配置,采取上部加料,下部出渣,实现还原工序半连续化生产。采用蓄热高温空气燃烧技术和 PLC 控制程序,经工业化试验(12 只罐/台炉、16 只罐/台炉),排烟温度<150℃,因方便加料、排渣、提高了还原炉利用率,缩短还原周期(8~10 小时),取得技术指标如下。

提高还原炉产率 5%~20%;

还原能耗为 1.5~2.2t 标煤/t 镁,而传统横罐能耗为 3t 标煤/t 镁,相比节能 50%~26.6%;

还原占地面积节省 50%(1 万 t 金属镁生产规模);

减轻劳动强度、用工少、提高劳动生产率 50%。

综上所述,提升还原工艺装备与技术水平,为皮江法炼镁展现了可喜的前景。

2. 电解法炼镁技术有提升,并有新进展

(1)以海绵钛副产氯化镁进行电解镁生产的企业,通过引进技术消化创新改善电解指标

1) 遵义钛业有限公司利用乌克兰国家钛设计院 110kA 无隔板电解镁技术,形成 1.5 万 t/a 电解镁产能,2007—2008 年吨镁直流电耗 14500kW·h,吨镁回收氯 2.6t,比改造前降低电耗 2000kW·h/t,提高氯回收率 12.6%。

2) 洛阳双瑞万基钛业和攀枝花钢铁企业总公司,借鉴国外经验研发创新了 90~165kA 双极电解技术,分别于 2008 年和 2010 年 7 月投产,直流电耗为 11000kW·h/t,为利用优质氯化镁($MgCl_2$ 98%~99%、MgO<0.015 %)电解进一步节能提供宝贵经验。

(2)利用青海盐湖资源($MgCl_2$ 33%~34%),引进国外脱水电解技术,建 10 万 t 电解镁厂有新进展

青海盐湖集团镁业公司引进挪威海德鲁(Norsk Hydro)技术,以净化卤、浓缩、制粒(0.5~2mm)、一次脱水、二次 HCl 气氛下脱水制取粒状氯化镁,利用 430kA 专利槽电解,预期电流效率为 91%~92%、直流电耗为 12760kw·h/t、阳极回收氯气 2.9t/t 粗镁、氯气浓度≥95%,粗镁连续精炼铸锭,副产氯配套生产聚氯乙烯。整个工艺机械化、自动化、全员劳动生产率高(100t/人年),全过程密闭,劳动条件好。如经努力实现上述指标,将提升我国电解镁技术水平。

3. 镁及镁合金的研究和应用发展迅速

我国镁及镁合金的研究和应用较晚。21 世纪以来,在国家大力支持下镁及镁合金的研究和应用迅速发展起来。一批与镁及镁合金开发应用和产业化相关的项目先后在国家"973"、"863"、"国际合作"等计划中获得支持。目前,已初步形成从原材料到深加工再到应用的完整镁产业链,初步建立了从基础研究到应用研究再到产品开发的完整科研开发体系,突破了一批前沿核心技术和产业化关键共性技术,在全国建立了一批产业化示范基地。我国不仅是原镁第一生产国和出口国,而且也正在逐步发展成为镁科研大国。近年

来的主要发展如下：

(1)高性能镁合金研制技术

研制出具有自主知识产权的高强耐热变形镁合金 EW85 和 WE83、低成本耐热压铸镁合金 AC53T/AC53、DC3Y/DC4Y、低成本高强高韧压铸镁合金 ZK61＋2.5%Gd 和 AZ91＋1.5%Ca＋1%Y；开发出电磁和超声波作用下的锭坯铸造技术、提高锭坯表面质量的“油滑电磁铸造技术”、应用于 EW85 大型棒材和 WE83 合金型材，以及镁合金纯净化熔炼设备。

(2)变形镁合金板材加工技术

开发出镁合金连续铸轧技术、挤压开坯轧制技术；研制出拥有自主知识产权的镁合金连续铸轧装备，建成宽幅 600mm、厚度 0.5～9mm 的低成本镁合金板材生产线，并形成年产板带 3000t 的生产能力；突破了挤压开坯轧制工艺镁合金板的卷取、开卷、连续加热、张力控制等技术难题，实现了板材的成卷轧制。

(3)镁合金管型材低成本技术

形成了具有自主知识产权的镁合金大锭坯的制备技术、薄壁中空大型材挤压工艺集成技术，制备出目前世界最大的外截圆直径达到 368mm 的镁合金薄壁中空大型材；采用高强超声波技术，使直径 330mm 挤压坯料的晶粒细化到 50μm 左右，开发出快速挤压成形工艺，典型镁合金管材挤压速度达到 6m/min 以上，牺牲阳极挤压速度达到 20m/min 以上；建立了管材力学性能环向拉伸测试方法，开发出温度和内压可控的热态内压成形装置，实现膨胀率 30%的镁合金管件成形。

(4)镁合金复杂铸件集成应用

开发出真空压铸、高退让性砂芯金属型铸造等复杂铸件制造技术，研制出 15 种大型复杂镁合金压铸件，最大投影面积达到 0.28m^2；完成投影面积大于 0.3m^2 的长安 CV 轿车系列平台车型前壁板为代表的 5 个复杂镁合金件的铸造工艺和模具优化设计应用，实现 CV11 样车单车用镁量达 20.06kg；镁合金汽车零部件年产量超过 200 万件；摩托车单车最大用镁量达到 8.07kg，年装车 70 万辆的产业化目标；开发出镁合金冲击、振动试验机平台、音圈和进气歧管等 12 种砂型和金属型铸件。其中，砂型铸件最大投影面积达到 1800mm×2200mm；开发出满足设计要求的锁模力达到 3500 吨的镁合金冷室压铸机；形成 6 个产业化基地。

(5)镁合金表面防护技术

开发出微弧电泳成套技术与装备，电耗由前期的 0.7A/dm^2 降低到 0.48A/dm^2，解决了小脉宽条件下的浪涌电压和浪涌电流对主开关器件的冲击问题，使脉冲宽度最低值由原来的 100μs 降低到目前的 50μs；开发出镁合金磷酸盐化学转化膜溶液体系及处理工艺，解决了转化膜表面粗糙度上升效率下降的问题，新、旧处理液分别生产的转化膜表面粗糙度变化≤5%，成膜速度，溶液寿命达到处理 1000m^2/m^3；研制完成了 LDC－1800 型镁合金制品真空镀设备，耐蚀性达到铬酸盐转化膜水平；开发了多弧离子镀膜与磁控溅射镀膜的复合工艺，能够制备多层膜系和混合膜系。

(6)镁合金连接技术

完善了镁合金低能耗激光增强电弧复合高效焊接技术，开发了成套设备，与传统电弧焊相比，焊接熔深提高 3～5 倍，焊接速度提高 5～10 倍，焊接接头的动载荷强度与传统焊接方法相比可从镁合金母材的 72%提高到 100%；开发了熔化胶接技术，实现了镁合金与铝合金的异质连接，接头力学性能达到母材 90%以上；开发了镁合金活性焊接技术，研制出镁合金补焊活性剂，单道补焊熔深达 5mm，实现镁合金成型结构件快速修复。

(7)特种成形技术与镁基础标准体系等产业环境研究

开展了镁合金板材冲压设备研发和模具设计制造，成功设计了 3C 产品外壳的冲压模具以及冲压成形工艺，冲压成形的手机外壳最小壁厚为 0.3mm，样品合格率达 95%，建成年生产能力 100 万套(件)的冲压生产线；开发并研制了立式和卧式镁合金铸—锻双控成形技术与装备，建立了铸锻成形中试生产线；提出了通过原位反应在镁合金基体中引入第二增强相的新思路，分析了 Mg_2Si 和 Mg_2Sn 增强相生长动力学函数及反应控制机理，获得了完全反应的工艺条件；形成了采用多次循环塑性变形技术制备高性能镁合金材料的技术原型；建立了锥桶式流变压铸工业示范线和双螺旋流变压铸中试线，使镁合金半固态流变压铸技术得到实际应用；突破了高强高韧镁合金喷射成形制坯等关键技术，所开发的新型喷射成形 Mg—Gd—Y 系镁合金，性能优良；研究了我国宏观层次镁物质能量代谢的数量、结构和特征，测算出我国原镁生产的物质消耗强度和生态包袱系数。得到了镁工艺阶段和不同能源利用方案的资源、能源效率和环境负荷分析结果，分析与辨析了工艺改进的环节和方向。开发了具有自主知识产权的镁生命周期评价软件和分析系统，建立了镁生命周期分析的环境负荷基础数据体系。收集整理并评价了 61 个 Mg 基二元相图和 55 个 Mg 基三元相图，测定 6 个具有重要实用意义的 Mg 基三元相图，并对相关体系进行了热力学评估。建立了镁合金基础数据库和专家系统，搭建了中国—美国—加拿大、中国—德国等镁产业信息技术交流平台。

三、近年来国内外轻金属工程技术学科发展比较

(一)国内外氧化铝学科发展比较

国外三水铝石型铝土矿资源丰富，矿床易采，矿物碱易溶，绝大部分氧化铝企业都以此为原料，采用流程简单、低能耗的拜耳法生产，投资省、成本低。目前，国外氧化铝生产技术向大容量、高效率、低能耗、清洁生产方向发展。采用大型高效装备，实现氧化铝生产的大流量、高产出、低能耗；采用较高碱浓度和较低分解原液苛性比，实现高循环效率并节能；开发相关技术，降低生产过程的气体、噪声和废液污染，减少排放量。同时，国外氧化铝厂十分注重 ESH 体系的建设，以技术进步保证 ESH 目标的实现。

中国没有三水铝石，只有碱难溶的一水硬铝石型铝土矿资源。所以我国氧化铝工业界为一水硬铝石生产氧化铝开展了长期的研究和创新，建立了世界上独一无二的一水硬铝石生产氧化铝的工业体系，研究开发成功领先于世界各国的高硅铝土矿脱硅技术及相应的生产装备。尽管我国大部分企业不断研发和推广应用了各种节能工艺技术和装备，但是终究由于矿原料和生产工艺不同而使全国平均能耗仍高于国外。我国在 2005—

2010 年虽已将生产能耗降低 25%以上，达到约 22GJ/tAl_2O_3，但仍比世界氧化铝工业平均水平(约 11 GJ/tAl_2O_3)高 1 倍。

(二)国内外铝冶金学科发展比较

21 世纪以来，我国铝金学科发展迅速，目前铝电解的设计和生产技术大部分已超过国外，达到了世界领先水平。

我国是世界上第一个也是唯一一淘汰全部落后自焙电解槽，并全部使用先进的大型预焙槽生产的国家。设计技术已达到世界先进水平，我国设计制造的 300～400kA 的大型槽已用于占全国电解铝总产能的 40%以上，设计、制造和施工技术已出口国外，我国自主研究设计的世界特大型 500kA 已投入试验，600kA 槽也已开始设计。

我国铝电解节能技术已达到国际领先水平。异型阴极电解槽是国际上近年来铝电解学科的重大发明。国际铝协规定到 2010 年铝电解的平均综合能耗要求达到 14600 kW·h/t-Al，而我国已在 2008 年就降到这个指标以下，2010 年达到 13979 kW·h/t-Al。国外最先进的直流电耗略低于 12800kW·h/t-Al，而我国最先进的华东铝业的异型槽系列 2009 年四季度至 2010 年一季度半年的平均直流电耗已经达到 12043kW·h/t-Al，其综合交流电耗为 12790 kW·h/t-Al，电流效率 93.1%。

但是与国际先进企业(如加铝彼施涅、挪威海德鲁、迪拜铝业)相比，在某些方面还存在差距。主要差距为：①国外先进槽型电流效率稳定维持在 94%～96%，我国电流效率能达 94%以上的企业较少；②我国阳极电流密度普遍偏低，仅为 0.73～0.75 A/cm^2，与国际先进相差 20%～25%。因此，我国还应在铝电解槽物理场计算与结构设计、工艺管理与控制技术、铝用碳素材料等方面进一步开展工程技术研究，以使我国铝电解工业取得更好的技术经济指标。

(三)国内外镁冶金学科发展比较

1. 国内外镁冶炼技术发展比较

从 20 世纪 90 年代开始，特别是 21 世纪以来，由于中国低成本皮江法炼镁生产的崛起，使以高成本电解法生产镁的欧美企业失去了以往的竞争力而逐步倒闭，生产格局发生了极大变化，形成了生产重心从欧美转向中国(亚洲)和生产工艺从电解法为主转向皮江法为主的新格局。1995 年欧美地区产能、产量约占世界的 2/3，而到 2009 年中国产能、产量分别达到占世界的 86.89%和 79.17%；1995 年电解法产量占世界镁总产量的 68.6%，到 2009 年皮江法的产量已达到世界镁总产量的 80%左右。

近年来，国内外镁冶金工程学科针对皮江法技术存在的问题，进行了诸多研究，使皮江法技术得到了新的较大的发展。我国对皮江法技术发展贡献最大。通过应用清洁能源、研发并应用新型竖罐节能还原技术和蓄热式高温空气燃烧技术，对原皮江法进行了重大创新，使其在保持低成本情况下，取得明显的节能减排、提高产品质量和劳动生产率的效果。今后国内外皮江法技术主要应朝着进一步提高环保水平、提高技术装备的机械化、自动化和信息化方向发展。

国外电解法炼镁技术的发展不大，主要是：进一步改进槽型结构和设备大型化，提高了单台产能、进一步节能(如美国镁业公司成倍增加单台槽产量,节电 25%);进一步提高阳极回收氯气的浓度和回收量,相应的改善了环保条件。近来,我国双瑞万基从海绵钛副产氯化镁回收镁的双极电解工艺,其直流电耗与氯气回收都已达到与国外电解法相近的先进指标,为今后我国钛业副产氯化镁利用双极电解技术回收金属镁展现了美好前景。

2. 国内外镁及镁合金研发及应用技术的比较

由于交通工具等轻量化的推动,世界各国都在对镁合金展开广泛的研究,研究可以满足各种需求的新型镁合金。

(1)国外发展情况

在镁合金加工技术方面:国外为解决镁合金传统压铸多孔缺陷,主要采用真空压铸等技术,以提高产品的质量和安全性;为提高镁合金板(带)材的成材率和降低生产成本,采用大铸锭-高速轧制-带式法生产的工艺路线;镁合金挤压成形技术,由于镁合金固有缺点,加工技术难度大,尚需进一步研究发展。

在镁合金应用方面:由于镁合金的一些应用性能指标(高速冲击、疲劳、振动)的数据匮乏,表面处理、连接等工艺的选择也不多,所以,镁合金应用受到一定限制。为了扩展镁合金的应用范围,对其性能的评价研究开始受到重视。镁合金用量最大的工业领域是汽车工业,约占总用量的 80%以上。美国、德国等先进国家都非常重视镁合金在汽车上的应用,投入最多、历史最长,很多技术都已经相当成熟。例如,镁合金方向盘骨架在北美汽车中,已占 80%以上,像 GM、Ford 公司新车使用率更达 90%左右;镁合金仪表板支架、镁合金座椅骨架、镁合金手动变速箱外壳,及其他如汽缸前盖、转向架、车灯外壳、安全气囊罩框、踏板托架(Pedal Bracket)、进气歧管等产品也渐渐开始普及。

在镁合金应用的先进国家,镁合金零部件的设计都是从新车型开始的,以德国大众汽车公司 2002 年推出的双座微型概念车,采用了以镁合金零部件为主的轻量化设计,座椅架、方向盘、加速踏板、刹车踏板、转向柱、油泵外壳、齿轮箱外壳等零部件都采用了镁材料,镁合金的总用量达到 35kg,占整车重量的 13.5%。该公司开发的镁合金发动机进气歧管,在充分的考虑了力学性能和成形工艺性能后,选用了镁合金 AZ91HP,采用砂型铸造的方法成形,加聚酯粉状漆的无铬钝化粉末喷涂工艺(MAGPASS - COAT®),并且第一次批量采用了铝螺钉紧固连接。所研制的发动机进气歧管的重量 8.43kg,比原来的铝合金减重约 3kg。

(2)我国与国外先进的主要差距

我国自主合金牌号少,目前研究和开发的镁合金材料,不能同时满足性能与价格应用要求,获得实际应用的品牌品种少,数量受到限制,难以满足多样性的市场需求;镁合金成形以传统压铸工艺为主,铸态缺陷限制了镁合金性能的提高,制约了镁合金的广泛应用;镁合金性能评价体系不完善,设计应用亟待提高。受上述因素影响,镁合金在国内的应用还处于样品复制替代阶段,同步设计开发尚未真正起步,应用水平也需进一步提高。

四、我国轻金属冶金工程技术发展趋势及展望

(一)氧化铝冶金工程学科的发展与展望

未来我国氧化铝学科发展的任务比以往更加艰巨。因为:①从学科发展讲,我们已经登上了世界先进水平的高基点,继续发展必须研究开发更多的超越世界的原始创新,才能支撑氧化铝工业的可持续发展;②由于铝土矿资源贫杂的特点,使我国氧化铝工业的发展与国际具有优势铝土矿资源的国家相比仍然处于劣势,特别是随着我国铝土矿资源的日益贫乏,含硅和其他杂质高的劣质矿石越来越多地进入生产领域,所以,继续紧紧围绕我国资源特点,突破资源问题的各种技术关键,制定适合于我国氧化铝工业发展的资源战略,才能保证我国氧化铝工业的可持续发展。未来氧化铝学科发展的重点和方向如下。

1. 继续开展铝土矿脱硅和生产过程脱除或减少硅影响的研究

应用选矿脱硅的"选矿—拜尔法"是我国氧化铝界在20世纪末的一项重要研究成果,为劣质资源变优势资源提供了技术支撑。但是,当前的"选矿—拜尔法"在生产中还存在一些问题,需进一步研究予以完善。首先,目前用于实际生产的正浮选工艺其矿石氧化铝的回收率尚不足80%,应进一步研究提高回收率的措施,以使宝贵的资源得到更加充分的利用;其次,正浮选精矿泡沫多,并附有选矿药剂,影响过滤和后续生产;第三,选精矿单管道法溶出存在管道易结疤的问题;第四是铝硅比5以下的低品位矿石的选矿难度大,技术没有真正过关。所以氧化铝工程技术学科,需要进一步深入研究铝土矿中硅矿物选矿的理论基础,进一步研究适于铝土矿选矿的高效生产设备和高效选矿药剂,进一步研究高效反浮选工艺,以使选矿—拜耳法为充分利用我国铝土矿资源发挥更大的支撑作用。

在氧化铝生产过程中,为了降低硅对氧化铝溶出和分解过程及最终产品质量的影响,我国氧化铝科技工作者已经研究了许多行之有效的生产过程脱硅的专有技术,但是这并不意味着已经达到消除硅影响的最佳水平,还应继续努力,广开思路,进一步开展更深入的消除硅对生产过程影响的各种研究,为我国氧化铝工业的进一步节能降耗提供新技术。

硫是影响氧化铝生产的另一个有害元素。我国有不少含硫高的铝土矿资源一直没有开发利用。在当前资源越来越贫乏的情况下,这些资源的开发已提上日程,各种矿物脱硫的研究已经开展。今后应加强这方面的研究,以使高硫铝土矿得到早日开发利用,支援我国氧化铝工业的可持续发展。

研究铝土矿选矿尾矿的堆存、治理和利用,也是完善选矿拜耳法需要解决的重要问题。

2. 针对现有生产工艺开展进一步节能减排的新技术研究

(1)氧化铝生产过程进一步节能

1)氧化铝生产过程余热的高效利用。

这是当前氧化铝生产节能的主要方面。氧化铝生产过程余热利用有以下途径:

高温窑炉烟气和高温物料余热的回收:通过高效热交换,将这些高温物质中的余热传

输到受热介质，用于发电或加热。特别是应开发较低温度段（如 100～120℃和 120～160℃）的余热利用，还要防止传热设备的腐蚀、结疤或堵塞。

水蒸气潜热和低温液体热量的回收利用技术：氧化铝生产过程产生大量的乏汽和废水蒸气，通常无效排放。应开发技术，充分回收利用其中的潜热，这对降低氧化铝生产能耗具有较大意义。低温液体因其流量巨大且循环使用，带走大量余热，其回收利用的价值很高。

能量的梯级利用：能量的梯级利用是高效利用能源的有效方法。我国氧化铝工业应抓紧研究该技术，尽快在工业生产中应用，以降低总能耗。

2）进一步优化氧化铝生产系统的配置，优化过程工艺参数，解决关键瓶颈环节问题，提高各工序的产出率和循环系统的循环效率，实现氧化铝生产过程的整体优化和系统节能。

3）进一步研究开发大型高效节能的氧化铝生产装备，淘汰落后产能和设备，降低单位能耗。通过提高矿浆的流量和流速，增大反应器容量，改进传热面设计和传热系数，完善全流程配套设施，大幅度提高单套设备的产能和效率。

（2）氧化铝生产减排目标主要为固体赤泥和气体 CO_2

1）关于赤泥的治理和利用已开展多年研究，已取得许多成果，也已有所推广应用。但与国家对生产安全和环保的要求还有许多差距。所以，氧化铝工程学科应继续努力，研究开发更有效的赤泥治理和利用技术。

应优先解决氧化铝生产排放的赤泥和其他废渣的无害化处理问题，开发氧化铝生产减排技术、赤泥堆场安全筑坝技术、赤泥堆存无渗漏和自清洗技术、赤泥含碱附液高效回收技术等，实现赤泥无害化堆存。

要进一步开展赤泥量大而广应用领域的开发研究。

进一步研究开发赤泥中的铁、钛等有价元素和碱的低成本综合回收技术，提升赤泥利用价值。

2）关于气体 CO_2 的减排。

这是当前低碳经济时代提出的新课题，以前氧化铝生产没有专门注重这个问题。其实氧化铝生产 CO_2 的排放也是比较严重的。因为除了烧蒸汽、焙烧氢氧化铝等燃料产生的 CO_2 排放外，石灰生产是 CO_2 重要排放源。在烧结法生产时 CO_2 被用于分解而得到应用，而在拜耳法生产时烧石灰产出的 CO_2 恰被排入大气。特别是在目前拜耳法在生产中的比重越来越大的情况下，烧石灰产出的 CO_2 的减排必须引起足够的重视。所以加强氧化铝企业 CO_2 的减排技术，是今后氧化铝工程学科研究的重要课题和任务。

3. 研究开发氧化铝生产的新技术，不仅是中国氧化铝工业发展的需要，也是为世界氧化铝工业发展作贡献

拜耳法发明至今已有 100 多年历史，它已经成为世界氧化铝生产主流的经典工艺。我国由于矿石类型的原因，先用烧结法、后发展拜耳—烧结混合联合法。目前由于能源的紧缺，烧结法和联合法逐步被淘汰，我国氧化铝生产正向着拜耳法或选矿—拜耳法方向发展。但是拜耳法已是技术上成熟的工艺，它终究不是处理我国一水硬铝石的最佳工艺流程，它不能让我国氧化铝工业用质量差的原料去赢得与拥有优质原料国家的竞争。所以

我国氧化铝工业在技术上就必须对拜耳法进行适于我国资源条件的开发创新，或研究开发适应我国国情的更优于拜耳法的创新技术，才能保证我国氧化铝工业的可持续发展，这是历史赋以中国氧化铝学术界的重任。

近年来对氧化铝生产技术的创新已在我国科技界展开。借鉴烧结—拜耳串联法的思路，研究创新出湿法串联新工艺并已完成工业试验，优化了两个循环过程，降低了弃赤泥的铝硅比和钠硅比，降低了过程能耗；突破拜耳法只能低浓度碱溶出矿石传统的束缚，研究创新出高浓度碱溶出的亚熔盐法新技术并已完成了年产 1 万吨氧化铝的工业规模试验，把传统拜耳法对矿石氧化铝的溶出率从＜80% 提高到＞90%，并且可处理铝硅比 4～5 的矿石；突破拜耳法种分分解率低的束缚，研究成功用碳分取代种分的碱溶—碳分法新技术并完成试验室扩大试验，将传统拜耳法的分解率从＜50%提高到约 100%，实现了产量和生产过程循环效率的翻番，而且精简了蒸发工序，产出经济效益可观的氢气和氧气。以上新工艺技术均是对传统氧化铝生产工艺的创新，均具有跨越式发展的前景，应继续支持他们的研究，扶持其发展，争取为我国氧化铝生产工艺技术的发展取得重大突破。

此外，酸法生产氧化铝技术有其优于碱法工艺的某些特点，特别是受硅的影响不大。尽管酸法以前的研究在技术上没有突破性的进展，但是在综合技术已经有重大进步的今天，继续深入开展酸法研究是有其积极意义和成功希望的。

4. 进一步从技术上开展氧化铝厂产业结构和产品结构调整的研究，以提高氧化铝工业经济效益

1)化学品氧化铝的研究应继续向纵深发展，研究开发出更多的新产品，增加氧化铝企业效益；

2)研究综合回收镓、钒等有价金属，并在增加企业效益的同时，逐步推进氧化铝企业向应用这些金属的新兴产业延伸。

3)联合上下游行业，如采矿业、苛性碱行业、电解铝行业、电力行业和其他化工行业等，实施资源、能源一体化运作和综合利用，是实现氧化铝企业产业结构调整的最直接最有效的方案。氧化铝工程学科应积极提出结构调整方案，研究解决结构调整中的技术问题，为结构调整的实现作出贡献。

5. 引进国外资源和投资国外发展已逐步成为我国氧化铝工业的发展战略

氧化铝工程学科应紧密配合这一全球化发展战略，开展相应技术研究，为我国氧化铝企业适应引进资源的生产和跨出国门去国外发展提供技术支撑。

(二)铝冶金工程技术学科发展的展望与对策

经过几十年的努力，我国铝冶金工程技术学科已进入世界先进行列，在大型电解槽、新型槽结构和节能技术等方面已成为引领世界发展的尖兵。今后的发展应继续沿着已经开辟的以创新电解槽设计、结构和控制技术为主线的低温低电压节能减排路线前进，目标是挖掘铝电解理论电耗外的无为消耗的电能损失，使铝电解全行业的生产电耗达到最优化。

1. 低温低电压铝电解新技术及其推广应用

低温低电压铝电解新技术是我国铝电解冶金工程技术学科近年来发展起来的领先于

世界的技术创新。该项创新是在异型阴极率先发明下,蓬勃开展起来的,包括各种新型阴阳极结构和优化电解槽工艺参数及控制等一系列技术的综合创新。这项综合创新的本质是:在保证电解生产维持高电流效率的前提下,降低现行工业铝电解槽的工作电压,实现铝电解工业节能目标的技术创新。所以这项创新的技术可以概括为低温低电压铝电解新技术。

低温低电压电解技术已为多家企业全面应用,并证明是一项行之有效的节能技术,已被国家列入各类节能计划予以重点推广。但是该项技术,尚处于初始发展阶段,应在推广的同时加以进一步深入研究和发展。研究的重点如下。

(1)保温型电解槽和低温电解技术的研究

低电压操作,即随着工作电压的降低,铝电解槽的热收入量相应减少,破坏原有的热平衡,降低了槽温和电流效率。因此,第一要采取保温措施,减少热量散失,也就是将现有散热型改变为保温型电解槽,以配合低电压操作的顺利实施和达到减少电解的无为热能损失及高效节能的最终目的;第二是研究低温电解技术,既可配合低电压操作,又可减少铝的二次损失,这也为维持高电流效率提供了有利条件。

(2)高效高寿命新型阴极电极的进一步研究和定型

从天泰铝业三台异性阴极电解槽试验成功后,一批有别于天泰初始异性阴极的新阴极设计先后涌现,大部分取得了很好的节电效果。许多阴极设计,主要是在凸台和沟槽形状、尺寸、方向等方面的变化,当然还有导流槽的镀硼化钛阴极等。一些新的阴极设计还在不断提出。所以我们要在进一步开发研究的同时,及时对这些新型阴极在应用过程中进行节电效果的优选和评价,逐步筛选出效果最好寿命最长的设计,并最终加以规范和定型,实现标准化。

(3)新型节能型电解槽控制技术的进一步研究和网络化

中南大学、中铝公司等已经研究成功一批有效的铝电解节能控制技术。今后应予新型电解槽结构发展相结合,进一步研究开发控制水平更高、节能效果更好的新技术,并实现铝电解生产的全面网络化。

(4)支持和加强新型阳极和其他新型电解槽结构的研究

新型阳极包括天泰铝业研究的穿孔阳极和湖北当阳科技公司正在研究的连续阳极等。新型电解槽结构包括沈阳铝镁院刚研究开发的阴极钢棒底部出电结构等。这些研究,有些已经取得成效,有些已经显现潜在的成效。我们应热情支持和大力加强这些研究的进一步开展,争取他们能早出成果,为铝电解工程技术学科的发展作出贡献。

2. 进一步优化大型预焙阳极铝电解槽技术并抓紧设计的规范和定型

纵观铝电解槽的发展历程可知,铝电解技术正在向着高电流强度、高电流密度、高电流效率和低电耗的方向发展。我国虽然在大型铝预焙阳极电解槽技术开发上已处于国际先进水平,但是大型槽的设计离国际上发展的“三高”要求还有差距。所以,我们要继续努力,进一步优化提高大型槽的电流强度、电流密度和电流效率的水平,使我国大型槽技术真正达到国际领先水平。

目前中国铝业公司正在国家“863”计划的资助下,开展世界上最大的特大型铝电解槽项目的研究,500kA 级槽已建成并正在试验,600kA 级槽已开始设计。我国特大型铝电解槽的研究开发受到国际铝业界的关注。对于特大型铝电解槽来说，在大规模产业化之前还需要对部分关键技术开展研究，主要为：①电解槽上部结构的承载强度、提升装置结构及阳极夹具形式；②摇篮槽壳的强度、刚度、散热设计以及最经济化摇篮架配置；③低电压工艺条件下，电解槽的内衬结构及热平衡优化设计；④电解槽的母线配置及超低极距下磁流体稳定性等。

此外，我国大型铝电解槽的发展已有近20年的历史，已经研究、设计和建成了几十种不同规格和不同设计的电解槽，电解槽技术装备也已参与国际工程招标竞争，并随国际承包工程进入国际市场。所以，为了国内铝电解工业的继续有序发展和国际竞争的顺利进行，我们应该认真进行槽型的定型，规范设计，制定标准，形成完整的中国名牌推向世界。

3. 进一步开展环保治理研究，实现清洁生产

铝电解生产过程中发生的阳极效应和各种生产操作，会产生大量的粉尘(含氟粉尘、氧化铝和碳粉)、沥青挥发分(苯并芘)和二氧化碳、过氟化物、氟化氢及二氧化硫等有害物质，危害环境。为此，铝电解生产十分重视有害气体的治理，已经从设计、设备和技术多方面采取措施，有效地防治了这些有害物质对环境的排放，并较好地实现了粉尘和沥青挥发分等的回收利用。但是，由于阳极效应排出的二氧化碳和含氟气体，仍然排入大气。所以，近年来各国都在研究减少阳极效应次数的技术措施。我国也十分重视在这方面的研究，并已取得较大的成效。国家发改委2007年颁布了铝行业阳极效应系数小于0.08次/槽·日的准入条件。未来铝电解工业发展将朝着超低阳极效应系数甚至零阳极效应的方向发展，以尽可能降低温室气体排放量。

铝电解生产过程中不仅产生气体污染，还产生大量含氟阴极和废旧槽内衬等大量固体废弃物，对环境和生态产生危害。国外许多企业将固体废弃物经无害化处理后，回收的氟化钙用于钢铁工业的添加剂或水泥生产的矿化剂，熔炼渣用于生产水泥或耐火材料，氟化盐可返回电解槽使用。国内治理铝电解固体废弃物的研究起步较晚，没有综合治理的有效方法。近年来，中国铝业公司和伊川铝电公司分别开展废槽衬无害化处理技术的研究，并进行了相关工业试验。处理后的废槽衬可得到合理的综合利用，氟化物排放低于国家环保标准。但是，这项工作还处于起步阶段，尚需进一步努力，争取早日实现铝电解固体废弃物的无害化处理和有效综合利用。

4. 惰性电极铝电解槽技术及炼铝新方法研究

基于惰性电极的铝电解新工艺是一种全新的铝电解技术，可望整体降低能耗20%以上，并能消除温室气体 CO_2 和 CF_n 与致癌物质沥青烟气的排放，因而成为国际铝业界和材料界的关注焦点和研究热点。自20世纪80年代以来，世界各主要铝业公司都将基于惰性电极的铝电解新技术视为21世纪铝电解工业进步的技术关键。美国铝业公司、俄罗斯铝业公司、瑞士 Moltech 公司、美国阿贡国家实验室、挪威科技大学、新西兰奥克兰大学等机构对惰性阳极、可润湿性阴极、低温电解质、新型槽结构及电解新工艺等技术环节分别进行了研究，并取得一些进展。我国在该领域的研究与国外基本同步，特别是2001年以来，中国铝业公司和中南大学等单位在国家“973”和“863”计划的资助下，通过多学科交叉和产学研结合，已建立起具有自主知识产权的 $NiFe_2O_4$ 基金属陶瓷惰性阳极材料体系

和新型惰性阳极结构，并于2005—2006年进行了惰性阳极、可湿润阴极组合的4kA级自热式电解槽的电解扩大试验，试验持续了28天，取得了重大进展，先后解决了惰性阳极材料制作、惰性阳极抗热震性的研究、惰性阳极高电流密度电解运行、惰性阳极电解操作技术和控制技术等重大技术难题。目前这些研究正在继续不断深入研究中。

除了上述采用惰性电极铝电解槽新技术外，为寻求可大幅度降低能耗、提高产能的新途径，人们曾广泛研究了其他炼铝新工艺，如氯化铝熔盐电解工艺、含铝矿物直接还原工艺、Al_2O_3碳热还原工艺、Toth热还原工艺、亚氯化物歧化工艺、硫化铝熔盐电解工艺和等离子体还原熔炼工艺等。近年来，国外正在针对所谓的Split Hybrit和SR两种炼铝法开展研究。其中Split Hybrit炼铝法可以减少阳极效应，降低阳极消耗，提高氧化铝还原率，提高生产率。而SR炼铝法是一种非电解的还原熔炼法，在有催化剂的条件下将三氧化铝还原成金属铝。国内除了早先所提出的湿法炼铝、真空碳热还原法、低价化合物的热分解法等方法以外，近年来还开展了真空碳热还原氯化法炼铝、竖炉炼铝法以及以氯化钠作为溶剂和催化剂的氧化铝碳还原法炼铝方法。此外，国内也有采用离子液体炼铝的相关报道，我国一些高校也正在开展这方面的一些基础性研究。这些新的炼铝方法尽管尚处于实验室研究阶段，但为原铝的生产提供了新的思路，对促进铝工业的发展具有积极意义。

5. 铝再生与循环利用研究

铝的再生与循环利用是节约资源和节能减排的重要举措，世界各国都十分关注，美国、日本等发达国家甚至以立法形式给予重视。

我国废旧铝的再生利用虽然也很重视，已形成了以珠江三角洲、长江三角洲、环渤海、成渝经济区等为重点的再生铝产业集群，但是，与发达国家相比，我国的再生铝的回收技术相对落后，污染问题未得到妥善解决，企业规模小且分散数量多。由于废旧铝的再生利用可以有效节省自然资源，特别是废旧铝的再生能耗远低于原铝的电解生产。所以21世纪以来，在我国铝工业受到资源、能源和环境越来越严重制约的情况下，国家对铝等资源的再生和循环利用更加重视，并于2009年颁布实施《循环经济促进法》，从产业政策、财政税收、科技开发等方面鼓励再生资源产业发展。国家发改委将一些再生铝示范项目列入“国家资源节约和环境保护项目”给予政策支持，这对再生铝产业的发展和产业升级起到重要的推动作用。由于国家的重视，近年来，再生铝的回收利用产业规模不断扩大，技术和装备水平不断提高。铝液搅拌技术、双室反射炉、侧井炉、余热回收利用装置、铝液直供、蓄热式燃烧等先进技术装备被广泛采用。自主研发的铝灰处理技术使铝灰渣得到了较好的综合利用。但是，许多先进技术装备还没有全面推广应用，特别是规模小的企业仍然技术落后污染严重。所以，铝的再生利用应加强已有节能减排技术装备的全面推广应用，进一步研究开发更先进的技术装备，以加快再生金属产业升级，促进我国再生铝产业的可持续发展。

五、镁冶金工程技术学科发展策略和趋势

根据发展循环经济和建设节约型社会的要求，我国镁冶金工程技术学科的发展目标

是：立足于我国丰富的资源、能源、技术等条件，以科学发展观为指导，加强节能、减排，走规模化、清洁化、信息化、管理现代化新型镁工业之路，并因地制宜力争选用先进可行的工艺装备。面向国内外日益增长的需求，在“十二五”期间，依靠科技创新，建设“三高”(高镁收率、高品质、高劳动生产率)、“三低”(低能耗、低成本、低排放)新型现代化镁冶炼企业，进一步研究有竞争力的镁冶炼工艺和镁合金生产技术，进一步加强镁合金的应用研究和扩大其应用领域，力争早日成为世界镁业强国。

在镁冶炼方面，我国虽有长足的发展，但仅限于皮江法工艺。为增强竞争优势，进一步研发立罐还原技术和电内热法技术，还应大力推动利用盐湖资源、卤水、菱镁矿资源电解法炼镁，积极引进国外先进技术，消化吸收，根据市场需求采取热还原法(皮江法、电内热法)与电解法共同发展的策略，稳步提升中国镁工业现代化水平。

在镁合金研究会和应用方面，以技术突破为牵引，提高镁材料技术水平，将资源优势转化为技术和经济优势，推动镁合金应用快速发展。继续加强产学研的紧密合作。基于目前我国在镁研究领域形成的人才、技术和产业化基础，以应用需求为导向，重点开展实用镁合金、成形加工技术研究，建立镁合金应用评价体系，进行镁应用的同步设计开发。发展的技术路线是：根据我国镁材料科技发展现状，将以汽车的同步设计和集成应用为主线开展产学研联合开发工作，由汽车企业从设计角度提出零部件要求；依据应用工况，提出材料要求，开发适用的镁合金、压铸件、型材、板材及其工艺技术；材料要提供给制造企业试制零部件并将装车应用，同时，对有关的材料部件进行可靠性、耐久性等评估测试，积累材料数据，形成我国镁合金应用的性能评价体系。重点发展内容主要包括：面向应用的新型镁合金研究开发，镁合金高致密度铸造技术开发，镁合金板带高效低成本轧制技术开发，镁合金特种型材挤压成形技术开发，镁合金腐蚀连接、耐久性与可靠性研究及评价，镁合金零部件同步开发与集成应用等。

参考文献

[1] 中国有色金属工业协会. 中国有色金属工业年鉴(2005—2010). 北京：中国有色金属工业年鉴编辑委员会，2005—2010.

[2] 张洪国. 有色金属进展. 长沙：中南大学出版社，2007.

[3] 中国有色金属工业协会. 中国有色金属工业发展报告 (2000—2010).

[4] 刘业翔. 熔盐化学. 北京：冶金工业出版社，1989.

[5] Liu Y X, Liao X A, Tang F L, et al. Observations on the Operating of TiB2－Coalcd Cathode Reduction Cells. Light Metals, 1991 (Warrendqle, PA. USA: TMS): 427 - 429.

[6] 刘业翔. 功能电极材料及其应用. 长沙：中南工业大学出版社，1996.

[7] 李相鹏，李劼，赖延清，等. 75kA 导流槽磁场及其引起的铝液流场模拟分析[J]. 中国有色金属学报，2007，17(5)：813.

[8] 张治安 李劼，等. 电沉积法制备 $CuInSe_2$ 薄膜的组成与形貌[J]. 中国有色金属学报，2007，17(4)：560.

[9] 刘业翔，等 全球的轻金属学术盛会——2007 年 TMS 年会纪要[J]. 轻金属，2007，(5)：1.

[10] 赵恒勤，张利珍，李劼，等. TiO_2 基纳米光触媒的失活和再生评述[J]. 矿产保护与利用，2007，(2)：46.

[11] 冯乃祥. 铝电解. 北京：化学工业出版社 2006

[12] 罗英涛，刘凤琴，等. 石墨化阴极炭块的性能及在大型铝电解槽上的应用. 中国有色冶金，2007.

[13] 邓发权. 预焙铝电解槽焦粒焙烧的过程控制和启动方案的探讨. 有色设备，2007.

[14] 轻金属冶金学. 北京：冶金工业出版社，2007.

[15] 张永健. 镁电解生产工艺学. 长沙：中南大学出版社，2006.

撰稿人：顾松青　李　劼　韩　薇　孟树昆

稀有金属冶金工程技术学科研究进展

一、引言

稀有金属冶金工程技术学科是有色金属冶金工程技术学科四个分学科之一。稀有金属顾名思义是64种有色金属中储量和产量相对较少的金属。这一组金属的特点除了量少外，更主要的是由于它们具有优异的物理和化学性能，而使它们成为支撑高新技术发展不可缺少的基础元素。由它们所构成的各种功能材料的发明和发展推动着世界高新技术由浅入深的发展，推动着人类文明社会的进步。

我国稀有金属资源丰富，许多金属储量居世界首位或领先地位。正由于稀有金属对高新技术和国防军工发展具有特别重要的意义，所以稀有金属冶金工程技术学科的发展一直受到科技界和军工界的重视。随着我国高新技术的快速发展，稀有金属冶金及其应用技术也得到相应的快速发展。

稀有金属是有色金属分类中元素最多的一组，本报告对其中应用广泛、作用显著和发展前景大的主要稀有金属，包括难熔金属钨、钼、钽、铌，碱金属锂、铷、铯，过渡金属钛、锆、铪，稀散金属镓、铟、铊、锗、硒、碲、铼，以及稀土金属钪、钇、镧、铈、镨、钕、钐、铕、钆、铽、镝、钬、铒、铥、镱、镥、钋等金属的冶金工程技术学科的新进展，以及国内外比较和发展趋势分别叙述如下。

二、稀有金属冶金工程技术学科的新进展

新中国成立以来，国家一直重视我国稀有金属资源的开发和应用，重视其技术发展、重视其人才培养，重视其工业生产建设。经过几十年的努力，稀有金属技术和生产建设得到重大发展。特别是21世纪以来，随着国民经济的快速发展，我国已经成为稀有金属生产大国。当前，我国稀有金属冶金工程技术学科已基本上达到世界先进水平，但在应用技术方面还处于跟踪阶段，自主创新还需要继续努力，有待提高。下面分别就各金属的进展进行叙述。

(一)钨冶金工程技术学科新进展

钨是一种稀有高熔点金属，是特种合金钢和超硬材料的主要组成元素，被广泛应用于民用和军工制造领域，被誉为“工业牙齿”。中国是钨资源大国，其矿石储量和生产量均居世界首位，在世界钨行业中具有举足轻重的地位。

随着我国优势钨资源的广泛开发和生产应用的快速发展，钨冶金工程技术学科取得了重大进展。我国科技工作者为解决钨冶金中相关技术问题，以冶金物理化学、反应工程学、结晶学、表面化学等学科的理论和方法为基础，深入研究了钨冶金过程的规律，提出了

一批钨冶金的新理论，开拓了相应的新冶金工艺，例如，中南大学等研究单位在氢氧化钠分解白钨矿方面提出的“赝三元相图法”理论，在离子交换反应工程学方面提出的顺应重力作用的逆流离子交换思路，在钨钼分离方面提出的定向寻找高效选择性沉淀吸附剂的新思路。江西理工大学等在 APT 结晶方面研究了 APT 结晶过程中成核速率模型、成核过程的反应级数和表观活化能、APT 晶体生长过程中生长速度的动力学模型、晶体生长的反应级数和表观活化能等一系列 APT 结晶过程的规律性。以上这些基础理论的研究，推动了钨冶金技术的进步。近年来，我国钨冶金工艺技术取得了许多重要的进展，其中主要的有以下几方面新进展。

1. 碱浸出工艺

根据钨矿的 NaOH 分解过程中 WO_3 和 NaOH 的相平衡规律，利用螺杆挤出提供的“塑炼”的工作环境实现钨矿的连续碱分解。

2. 高浓度离子交换工艺

改变交换柱结构和进料方式，打破传统上利用可交换离子浓度的变化来调控离子交换过程的思维定势，转而利用钨吸附/解吸过程溶液碱性的变化，精细调控可交换离子对树脂的亲和性，从而突破了浓度限制，发明了高浓度离子交换的新技术，使交换前液浓度提高了 10～15 倍，交换容量提高了 3 倍以上，极大地减少了废水排放量，废水达到了国家排放标准。

3. 碱回收工艺

分解钨矿时 NaOH 需要过量到理论量的 3～4 倍甚至更高，才能达到高回收率，但是过量 NaOH 排放对环境造成污染的问题日益突出。应用“赝三元相图法”于结晶过程，发现对于杂质磷、砷、硅也有类似的(MeO－)Na_2O—P_2O_5—H_2O、(MeO－)Na_2O－As_2O_5 H_2O、(MeO－)Na_2O—SiO_2—H_2O 赝三元系，而且发现钠盐要在更高的 NaOH 浓度才析出，这就提供了在浓缩结晶过程中添加无机盐抑制杂质磷、砷、硅的工作窗口。逆向应用“赝三元相图法”，开发了在蒸发结晶过程中添加抑制剂脱除磷、砷、硅等杂质的新技术，使 NaOH 在被回收利用的同时，杂质磷、砷、硅被固化进入到浸出渣中，极大地减少了钨冶炼对环境的污染。

4. 除锡新工艺

随着钨钼矿质量日益变差和低品位多金属复杂矿的开采，原料中杂质含量大幅度上升，高锡原料无合适的冶炼方法，在冶炼过程中极易分解进入溶液导致产品中锡超标。采用原位生成配体吸附的技术路线，形成了原位生成吸附剂高效除去高锡矿浸出液中锡的新技术。郴州钻石钨制品有限责任公司采用选择性吸附除锡技术后，使长期未解决的难题得到解决。

5. 钨粉粒度、粒形的控制及纳米钨粉的制取

厦门市金鹭特种合金有限公司、国家钨材料工程技术研究中心、北京科技大学开发了超细晶硬质合金工业化制造技术——“紫钨原位还原法”。该技术以仲钨酸铵为原料，分解、自还原成纳米级针状紫钨晶粉，然后原位还原为纳米或超细钨粉，再碳化后获得超细

碳化钨粉；接着辅以超细钴粉作黏结相，成型、烧结，获得超细晶硬质合金。

（二）钼冶金工程技术学科新进展

钼是稀有难熔金属，主要用作钢铁的合金化添加剂，以增强钢铁的强度、硬度和抗氧化、抗腐蚀性能，在熔炼、催化、润滑领域也有应用，近年来钼在 LCD 显示屏、光伏电池板、风能和核能工业上的应用也不断拓展。我国钼储量位居世界第一，“十一五”期间需求急剧增长。国内外钼冶金工程技术领域的工作者针对资源开发和冶金方面的技术问题，不断探索创新，研究开发了一批新工艺新技术，推动了钼冶金工程技术学科的发展。

1. 国内钼冶金技术新进展

（1）钼精矿冶金技术进展

2010 年，金堆城钼业和洛阳栾川钼业分别引进建起三座 $\phi 6.5m$、12 层大型多膛炉，将钼精矿焙烧成工业氧化钼，摒弃了能耗大、产品质量差、资源利用率低的外热式回转窑和反射炉，每台炉子设计产能 1.5 万～2 万 t/a。

金堆城多膛炉是传统 Nichols－Herreshoss 多膛炉的改造型，其主要技术特点和创新点：①炉膛材料为新型耐火、耐二氧化硫腐蚀材料，其使用寿命明显延长；②采用高效旋涡——静电收尘系统，收尘效率高；③过程自动控制，包括给料、焙烧分阶段控制温度等，焙烧自控防止烧结、终结阶段调控深度氧化；④通过快速冷却和其他技术，可显著提高焙烧产品中氨溶物的含量。

该多膛炉氧化焙烧产出的工业氧化钼质量高，含 S<0.1%，最佳工业氧化钼含 S<0.06%，钼回收率≥99%，烟气 SO_2 浓度>3%，可满足制酸要求。高溶性氧化钼的氨溶率≥98.5%，能耗低，加工费低，环境友好，经济效益明显。

利用多膛炉生产的高溶性氧化钼，解决了我国许多钼企业采用回转窑生产工业氧化钼含氨不溶物过高（大多数为 4%～8%）、烟气含 SO_2 过低（多为 1%～2%）以及钼回收率不高等技术难题。

洛阳栾川钼业等用内热式回转窑取代老式外热式回转窑，并利用中后阶段焙烧放出的反应热加热前段物料，节约了大量能源，这种节能型内热式回转窑焙烧技术也是一项创新。

（2）钼铁冶炼技术进展

钼铁是重要的钼产品品种。新华龙和洛阳钼业分别引进英国、美国技术，建起两条钼铁生产线。新华隆工艺特点是采用失重料仓配料、环形轨道、移动砂基车，机械化程度高，收尘容易，环境友好，回收率相比国内传统工艺有提高。

（3）钼化学冶金技术进展

金堆城钼业股份公司研究与引进相结合，建设了一条国际先进的二钼酸铵生产线，水洗替代传统的酸洗，不产生氨氮废水，同时采用连续结晶等氨浸工艺，降低了生产成本，使钼酸铵质量达到国际领先水准，而且环境好、成本低廉，为后续钼粉末冶金提供了优质原料。

（4）钼粉末冶金技术进展

2010 年，金堆城钼业股份有限公司建起世界上最大的钼粉末冶金和金属加工厂，引进世界上先进的钼还原自动化生产线，并对钼粉还原技术进行不断的研究创新，已制出粗、特粗、中粒和细粒等规格钼粉，纯度为99.99%高纯钼粉也已批量生产，钼烧结坯纯度可以达到99.995%以上，可以满足高纯化钼制品的要求。复合掺杂稀土、硅铝钾、TZM、TZC钼基合金全面推广，新开发的低钾和低氧钼粉已经逐步实现市场接轨，从而满足了电子产品对钼金属制品的要求。

钢铁研究总院开展了真空分解钼精矿研究，制得钼和单质硫，前者经升华得到高纯氧化钼，目前已进入半工业化试产阶段。据相关材料介绍，其生产的高纯三氧化钼纯度可以达99.99%。

近年来国内数家公司建起了纳米钼粉生产线，其用作润滑、金属、复合涂层等添加剂。

(5)钼金属加工技术进展

近年来，国内主要钨钼加工企业相继购置大型宽幅轧机，争取生产2m左右的钨钼板材，以满足生产大型LCD显示屏用溅射靶材的需要；金钼股份引进先进精锻机并实现钼棒材在线热连轧，提高了生产效率、降低了能耗和生产成本，为大单重钼杆丝材的生产奠定了基础。

2. 国外钼冶金技术发展动向

(1) MAP生产工业氧化钼或纯三氧化钼

MAP是Molybdenum Autoclaye Process英文单词的简称，即钼热压法，也就是将钼精矿在密闭反应器中热压氧化钼精矿为工业氧化钼，或者再将生成的工业氧化钼氨浸后，经溶剂萃取反萃，结晶为钼酸铵或经热分解得纯三氧化钼。其创新点是：①MAP是在密闭环境下利用氧压氧化钼精矿，与传统在自然环境下加热氧化钼精矿的焙烧法相比，氧化效率高，氧化速率提高3倍以上，氧化温度低50%以上；②综合利用和环保效果明显，脱硫效率高且可回收硫酸，还可回收伴生有价元素铼；③反应釜结构简单、易操作，投资少。

KUC(Kennecou Utah copper co)是在Rio Tinto建设的MAP工业氧化钼生产线，已于2010年底投入使用，该生产线工业氧化钼年产能1.36万t。

(2)流态化焙烧炉

近年堤岸化学工业公司设计了一种新型流态化焙烧炉，在焙烧过程中，流态化层内具有良好的物质交换和热交换条件，辉钼矿颗粒间接触甚少，可减少钼酸盐的生成。氧气渗入颗粒内部，与颗粒接触的动力学合理，氧化完全，单位面积生产能力较高，产品氨不溶物数量明显下降。该炉既可生产单一的三氧化钼产品，又可生产单一的适用做合金钢添加剂的二氧化钼产品。

(3)微波炉焙烧钼精矿

智利的冶金学家GustaNo Cartogena等根据辉钼矿能强烈吸收微波能的原理，开发了微波炉焙烧钼精矿新技术，用微波辐射从辉钼精矿中制取三氧化二钼，反应速度快、能耗低、产能高。其应用效果令业界人士十分关注。

(4)其他

用于制取钼酸铵的原料高碱溶性三氧化钼的生产工艺，除前述的特殊多膛炉外，EnDak钼矿和荷兰一家公司用氧化剂浸出普通工业氧化钼。

Henderson和Tompson Greek两家钼矿用升华法生产升华级三氧化钼，以工业氧化钼为原料，制得的产品纯度很高，也可制得纳米三氧化钼，用于各种钼化学品及陶瓷制品等。

(三)钽、铌冶金工程技术学科新进展

钽、铌在自然界中常常紧密共生。钽铌具有熔点高、蒸汽压低、冷加工性能好、化学稳定性高、抗液态金属和酸腐蚀能力强、表面氧化膜介电常数大等一系列优异性能。因此，钽铌是重要的功能性材料。特别是，铌在合金钢和超导、钽在高比容电容器和硬质合金方面的发展中具有举足轻重的作用。

当前，我国钽、铌冶金工程技术学科和相应的钽、铌工业已有很大发展，整体技术装备已达到或接近国际先进水平，其代表厂家中色(宁夏)东方有色集团近年更是以快速发展跻身世界钽业三强。

钽、铌冶金工艺一般是经湿法冶炼生产 K_2TaF_7、Ta_2O_5、Nb_2O_5 等产品，以 Nb_2O_5 作原料，经碳热还原或铝热还原生产金属铌，进一步生产加工为各种铌制品或铌合金；用 K_2TaF_7 经钠还原或 Ta_2O_5 碳还原生产金属钽，进而生产各种钽制品或钽合金。钽铌金属经压力加工生产钽铌板、带、箔、管、棒、锭等制品以及合金，或经深加工生产钽铌酸盐单晶、钽铌制品、钽铌电容器。下面就湿法、火法和加工三方面的技术新进展进行分别叙述。

1. 钽铌湿法冶金技术新进展

由于钽铌矿物种类繁多，成分复杂，造成工业分离和提取的困难。湿法冶炼从矿石中提取钽铌的工艺，近年来针对难处理的矿石，开展了深入研究，取得了以下重要进展。

在工艺方面：①连续矿浆萃取工艺，省去了操作难、效率低的过滤工序，可实现较大的富集比，提高生产效率，扩大生产能力，对于处理低品位矿石有独特的优越性；②氟化分解、分步萃取工艺，提高了难处理钽铌原料的分解率和与杂质、钽与铌的分离效果；③在线分析及微机监控技术，实现了工艺过程的实时控制，提高了工序的质量及合格率；④生产高级别钽、铌酸盐晶体的 Ta_2O_5、Nb_2O_5 连续喷射沉淀新工艺，以及用于功能陶瓷产品和生产细粒径钽、铌碳化物原料的细粒径 Ta_2O_5、Nb_2O_5 生产工艺；⑤难分解低品位矿石的综合利用工艺，使难分解低品位矿石的总收率由原来的 60%～70% 提高至 85% 以上，同时可回收钛、锆、钨等有价金属。

在设备方面：①采用雷蒙磨淘汰了双筒振动式球磨机，提高了磨矿效率；②采用钢滚塑分解槽淘汰了钢衬铅或搪铅分解槽提高了设备寿命；③成功研制的全新组合式萃取设备，产能大、效率高(>95%)，可有效控制有机相和水相的界面及有机相的液面，并且可以通过锥形泵转速的调节，有效地按要求改变生产能力；④将氧化物焙烧箱式电阻炉改为回转炉，减轻了劳动强度，提高了生产能力；⑤采用压滤机与搅洗槽配套洗涤、锥形混料设备混料、微孔装置过滤以及湿法生产过程的全塑化等都体现了装备的技术进步与创新。

在湿法工艺产品生产中除不断改善 K_2TaF_7、Ta_2O_5、Nb_2O_5 等产品的质量外，近年来还开发了草酸铌和五氯化钽等新产品及其生产工艺，为石油工业、汽车工业和其他新兴产业的发展提供了物质条件。

2. 钽铌火法冶金技术新进展

在金属钽火法冶炼工艺方面：①近年来成功开发出双向可控液—液搅拌钠还原生产

工艺、发明了专用的间断式注钠技术和新型球团化造粒技术，使高比容钽粉各品种及产品松装密度、-325 目比例、流动性等重要物性指标保持同一水平，极大地改善了产品的特征性能；②近年来坚持对传统的碳还原生产铌工艺技术进行改造外，还对新开发的铝热还原工艺进行持续的技术改进，铝热还原工艺具有流程短、产量大、工艺稳定、易规模化生产、产品质量高等优点，该工艺的运用为中国生产超导用高纯铌（RRR＞300）打下了基础，借助铝热还原工艺技术也成功地开发了真空 NbNi 合金。

在火法设备方面：①采用衬镍不锈钢复合反应胆，提高了单炉次生产效率，并有效地降低了对产品的玷污；②对反应器进行第三代扩容改造，氟钽酸钾的单炉装炉量达到 55kg；③采用自动控温仪表和计算机存储数据和显示，提高了温度控制的均匀性和产品性能的一致性；④采用长寿命、低成本，对产品污染更小的全塑酸洗槽和水洗槽及大型不锈钢搅洗槽，降低了设备投资，提高了生产效率，减少了设备对产品的污染；⑤采用真空油加热控温烘干箱或电加热自动控温烘干箱代替蒸汽加热的木制烘干箱，达到温度可控、清洗简便，改善环境、节约能源的效果；⑥大量卧式真空炉使用于生产，使我国钽粉的热处理设备达到国际先进水平；⑦对碳还原生产铌工艺设备的加热方式、真空系统、测温系统、控制方式、冷却系统等进行了改造，使生产过程工艺控制更加严格，温度控制准确，可更好地保证产品质量和提高了生产效率；⑧真空电弧炉和大功率真空电子束熔炼炉的使用，可以有消除初步熔炼的钽铌及其合金中杂质元素的含量，对钽铌高纯物质、合金产品的生产起到了至关重要的作用。

近年来钽铌火法冶金的主要产品 70000～100000μFV/g 电容器用钽粉已成为国际市场主导产品，150000μFV/g 钽粉也陆续接到客户订单。近期开发出 200000μFV/g 钽粉样品，300000μFV/g 超高比容钽粉也正在研究开发中。目前还通过一批新技术的研究，开发了中压高比容片状钽粉新产品、NbO 电解电容器关键材料——高性能 NbO 粉、4N5 的高纯钽锭、高质量铌锭和 Nb-1Zr、Nb-Ta-W、真空级 Nb-Ni、Nb521、Nb-47%Ti、Nb-55%Ti 等合金，为超导、电子、航空航天和国防军工的发展提供了重要的原材料。

3. 钽铌及其合金加工技术新进展

近年来，通过关键技术装备和产品质量检测技术的引进及消化创新，我国钽、铌及其合金加工材的制造技术和产品质量、品种均获得了重大进展。例如，钽丝生产经采用先进装备和检测技术改造后，由于用型轧开坯替代了旋锻开坯、用特殊表面处理技术替代了阳极氧化、用连续多模拉拔技术替代了单模拉拔、用新型连续清洗技术替代了酸洗和抛光、用连续退火技术替代了产品的成卷退火、用新型矫直技术替代了旋转矫直等关键工艺技术装备上的进步，使生产的钽丝完全能够满足钽电容器阳极引线需要的各种直径的钽丝，产品已销售世界各地，相关企业已成为钽丝国际市场的最主要的供货商。

钽、铌锭锻造和板、带材的轧制采用先进技术装备改造后，具备了较大的钽板、带及 0.02mm 厚度钽箔材的轧制能力，同时根据原料（钽锭、钽棒）单件重量对钽带卷重的限制，已具备钽带中间料或成品焊接（激光焊或氩弧焊）的技术能力，确保用户对钽带单卷重量或长度的要求。

加工技术装备的技术进步，提高了产品质量和扩大了产品品种，增强了国际市场竞争能力，满足了国内市场，特别是国防军工的需求。除上述钽丝外，还有铌锆丝产品已成功进入 GE 照明公司并成为稳定的合格供货商，Ta—2.5W 管棒材产品先后进入美国 AC、德国康坦等国际知名化工防腐设备制造公司。先后开发生产了各种规格钽铌及其合金管棒材高温高比强度铌合金棒材，性能超过 C—103 合金，成功应用于航空航天领域，并实现产业化生产。Ta—10W 合金棒线材，已成功应用于国防、航天、化工防腐和其他高温技术行业中。超导用铌棒材、粒子加速器/对撞机用高纯铌管材、铌钛合金棒材产品的技术研发已进入了试产验证阶段。在医用钽棒方面也实现了小批量销售，产品质量也有了质的飞跃。

（四）钛冶金工程技术学科新进展

由于钛轻（密度 4.51g/cm³）、强度高、耐腐蚀，不但在传统工业领域广泛应用，而且在航空、航天、海洋及军事工业上得到大量的不可替代的应用。正是由于钛对尖端工业发展具有特别重要的意义，所以它被称为第三金属或新金属，受到人们的高度重视并开展广泛深入的研究。目前工业生产金属钛的方法为 Kroll 法。经过几十年发展，Kroll 法制备海绵钛的技术日臻成熟，主要工序包括氯化、精制、还原蒸馏、精整和镁电解，形成了完整的镁、氯闭路循环。近年来，各种新法炼钛技术的研究也取得不同程度的进展，推动钛冶金工程学科向纵深发展。

1. Kroll 法钛冶金生产技术的新进展

（1）氯化工序的新进展

独联体国家均采用熔盐氯化的方式，它的致命弱点是附产大量的废盐。目前美国、日本采用的是先进的沸腾氯化生产技术，炉子的大型化为海绵钛、钛白大规模生产创造了有利的条件，美国最大的沸腾氯化炉炉床直径达到了 5000mm，粗 $TiCl_4$ 日产达到500t/台·日，并采用计算机控制生产。由于日本、美国主要使用的是天然或人造金红石，富钛料品位高、杂质少，因此产量高，消耗低，“三废”少，劳动生产率高。

我国由于原料的原因，各厂家（除中信锦州铁合金股份有限公司采用熔盐氯化外）均使用有筛板、无筛板沸腾氯化技术生产粗 $TiCl_4$，由于炉床反应段直径较小，因而炉产能较低。为了突破这道难题，“十一五”期间，洛阳双瑞万基、遵宝钛业分别从国外引进整套 ϕ2400mm（设计产能 125t/台·日，氯耗 0.95t/t－$TiCl_4$）的大型沸腾氯化炉生产技术，目前正在进行技术攻关，通过消化吸收国外先进技术，尽快缩小我国氯化技术与国外的差距。

（2）精制工序新进展

独联体国家均采用铝粉除钒工艺技术，日本主要采用硫化氢除钒工艺技术，美国采用有机物除钒工艺技术。上述三种方法技术上都是成熟的，且能连续生产，产能大，消耗低，成本低，劳动生产率高，产出的“三废”少且便于治理。上述各国均使用计算机控制生产。

目前，国内大多数厂家均采用铜丝除钒工艺。铜丝除钒工艺落后，单塔产能低，且不能连续生产，失效铜丝的清洗又带来新的污染，铜钒混合物无有效的回收手段。“十一五”期间，洛阳双瑞万基、遵宝钛业分别从美国引进整套植物油除钒技术。通过技术攻关和消化吸收国外先进技术，尽快缩小我国精制生产技术与国外的差距。

(3)还原蒸馏工序新进展

独联体国家均采用I型炉,炉型以4t、5t为主,生产现场采用计算机控制工序,产品质量好,布氏硬度低于100的产品占总产量的70%左右,产品疏松度好,致密产品极少。反应器用不锈钢制作,使用寿命达60次以上。美国、日本均采用倒"U"型炉,炉型有5t、8t、10t炉,均采用计算机控制生产。批产品质量分布均匀,疏松度好,致密产品很少。反应器用不锈钢制作,使用寿命在60次以上。日、美的海绵钛消耗指标很先进,日本的补充镁消耗仅20kg/t-Ti,电耗仅3000kW·h/t-Ti左右。

目前,国内海绵钛生产厂家普遍使用两种炉型:即倒U型和I型。倒U型炉产能分别有5t、8t、10t和12t,I型炉分别有3t、4t、5t、6t炉,两种炉型在大型化上都堪与国外媲美,其中倒U型12t/炉是最近我国自主研究开发的,是目前世界上单炉产能最大的炉型。国内大多数厂家均实现了计算机控制还原—蒸馏生产。但反应器用普通钢制作,寿命短,一般使用不到15次即报废。国内海绵钛生产厂家的消耗和电耗均比较高,补充镁消耗在40kg/t-Ti,电耗在7000kW·h/t-Ti左右。

(4)镁电解工序新进展

独联体国家均采用大型无隔板电解槽,槽型分别为110kA、175kA、200kA,直流电耗14500kW·h/t-Mg,氯气回收浓度近80%。美国、日本均使用当今世界上最先进的多极槽技术,直流电耗为10500 kW·h/t-Mg,氯气回收浓度达到95%以上。同时可根据海绵钛产量的高低(副产氯化镁的多少),波峰、波谷的电价,在90~165kA间调整电流,作为海绵钛的配套工序,这一优势是显而易见的。

由于"皮江法"镁在价格上的优势,因此到目前为止国内海绵钛生产仅有遵义钛业、双瑞万基等少数厂家采用镁电解工艺相配套,其他大多数厂家都没有镁电解工艺配套。在国内镁电解使用的有多极槽和无隔板电解槽。目前在用的110kA无隔板电解槽是苏联的技术,其单槽产能、回收的电解氯气浓度、电耗等都比多极槽的同类指标有不小的差距。最近双瑞万基、遵宝钛业已引进美国镁电解多极槽技术,正在消化吸收和技术攻关,稳定投产后,能极大地缩小我国镁电解生产技术与国外先进技术的差距。

(5)三废治理新进展

由于使用的原料不同,即日本、美国吃"细粮",我们吃"粗粮",因此必然造成我们的"三废"比日本、美国量大。目前,通过不断的研究和加强管理,我国钛冶金的"三废"治理已经取得了重大进步,其中的废水、固体废料已基本上治理、回收利用做得比较好,不会对环境造成污染。但是在"废气"的治理上,与发达国家相比尚有差距。日本能把氯化车间建在城市中,可见对废气的治理是成功的。我国与美国相比,氯化尾气排放标准差距很大。如美国某企业标准氯化氢为40 mg/m^3,氯气为15 mg/m^3,而我国氯化氢则为100 mg/m^3(老厂)、80 mg/m^3(新建厂),氯气为65 mg/m^3(老厂)、50 mg/m^3(新建厂)。

2. 新法冶炼钛的研究现状

为了从根本上减少金属钛的生产工序,达到节能、减少三废排放、降低生产成本、提高产品质量的目的,长期以来,人们对新法炼钛进行了不断的探索。目前研究的工艺如下:

(1)Armstrong工艺/ International Titanium Powder(ITP)

由Armstrong发明的ITP工艺基本原理是用金属钠还原四氯化钛制备金属钛,实际上属于亨特工艺，但它与传统的亨特工艺并不完全相同，是一种连续生产的工艺。目前，ITP 公司正在运行一个试验性工厂，其操作参数和分离技术均为连续模式，钛粉生产能力为每年 400 万镑。这一工艺已经可以生产可使用的粉末，并且它是最接近商业化的一种工艺。这一工艺的进一步发展主要取决于制备出符合使用要求的粒径和形貌的粉末，以及它所需要的投资成本。

(2)氧化物电解工艺(MOE 工艺)

美国麻省理工学院的 Sadoway 教授已成功地寻找到一种能够溶解 TiO_2 的高温熔融盐，并在 1700℃下电解制得了液态金属钛，阳极得到 O_2。该工艺简单，可连续生产，同时阳极得到 O_2，对环境无污染。但由于该工艺操作温度为 1700℃，其阳极需使用贵金属材料，成本较高，同时由于制得的液体钛沉在电解槽底部与溶有 TiO_2 的高温熔融盐层直接接触，如何保证得到质量合格的液体钛是另一难题。

(3)FFC/ Cambridge 工艺

近年来，英国剑桥大学致力于研究 TiO_2 电解法制钛新工艺。其用 TiO_2 为阴极，碳质材料为阳极，在熔融的 $CaCl_2$ 体系中电解，阴极的电解产物被证明是海绵钛。该方法将原有的电化学脱氧过程转变为可直接以氧化物为原料电解生产金属钛的新工艺。这项技术虽然已在 kg 级规模的试生产线上证实了是可行的，但能否成功进行工业化生产还有许多技术问题需要解决。另外该方法存在阴极电流密度小、过电压高，阴极电阻大等缺点，造成了用此方法生产钛能耗较高(30kW · h/kg)、生产效率低。

(4)Ginatta 工艺

该工艺是由意大利科学家 Ginatta 提出的一种制备金属钛新方法。该法是一种电解 $TiCl_4$ 制备金属钛的方法，其原理是采用多种卤化物熔盐作为电解质，将 $TiCl_4$ 蒸汽通入其中，通过金属 Ti 的化学还原或在阴极的电化学还原过程，将其转化成为 $TiCl_2$，然后 Ti^{2+} 在阴极的电化学反应获得金属钛。该法最大特点在于其使用 Intermediate electrode 解决了熔盐中 $TiCl_4$ 向 $TiCl_2$ 的转化问题。该方法可连续化生产。RMI 公司与 Ginatta 合作曾利用该方法生产金属钛，产量可达 70t/a。但由于技术问题和成本太高，至今未能工业化。

(5)OS 工艺

日本京都大学的 Suzuki 和 Ono 对钙热还原 TiO_2 进行了深入研究，提出在 Ca/CaO/$CaCl_2$ 熔盐中，将 TiO_2 用电解得到的活性钙还原为钛金属。由于 TiO_2 和钙密度的差异，两者并不直接接触，TiO_2 是由溶解在熔盐中的 Ca 还原为金属钛。该工艺是以石墨坩埚为阳极，用不锈钢网为阴极，TiO_2 粉末直接放入阴极篮中，在两极间加电压进行恒压电解。所用的电压高于 CaO 的分解电压而低于 $CaCl_2$ 的分解电压。Ca^{2+} 在阴极上还原为钙，而氧在阳极上与碳生成 CO 或 CO_2。目前正进入工业化研究阶段，要大规模生产合格的产品还有很多问题需要解决。

(6)PRP 工艺

该工艺(Preform Reduction Process)是由日本的 Okabe 等提出的。将 TiO_2 和助熔剂 CaO 或 $CaCl_2$ 混合均匀后，制成所需的形状，然后在 800 ℃烧结以除去黏结剂和水。烧结后的固体样品放入不锈钢容器中，放在熔融 Ca 金属的上方，在 800～1000 ℃范围内

反应，Ca 蒸气与 TiO_2 反应 6 小时生成 Ti 和 CaO。产物经过酸洗，可以得到纯度为 99%的钛粉末。目前该工艺处于初步研究阶段。因为反应放出大量的热，温度如何控制是工艺放大的一个难题，并生产成本较高。

(7)USTB 工艺

USTB 工艺是由北京科技大学研究的，是一种新型的热还原—电解方法，其具体工艺分为可溶性阳极材料 TiC_xO_y 的制备和 TiC_xO_y 熔融盐电解提取。该工艺以 TiO_2 和石墨或者碳化钛为原材料，以一定的化学计量配比混合，并在一定的热处理温度下进行热处理，成功制得可溶性阳极材料 TiC_xO_y，其导电性好，可以用作电解的电极材料。将制备得到的块体材料在熔盐体系中长时间电解，钛在阳极以离子的形式溶出，与此同时在阴极沉积出金属。电解得到的金属钛纯度高(99.9%以上)，电流效率高(90%)，电解所得产品易分离，可连续作业，相对容易实现工业化生产。该方法已完成了日产公斤级的放大试验，目前正在开展半工业级规模的试验。但工业化的生产还面临着大型电解槽的设计，大尺度可溶阳极的加工以及稳定电解等方面的问题。

综上所述，无论是曾经工业化的 Ginatta 法、极具工业化前景的 FFC 法、OS 法以及 USTB 法，要实现连续的工业化生产，都必须解决目前自身存在的一些问题。但这些新的熔盐电解法为制备金属钛开辟了一个新的天地，是未来钛金属提取冶金技术发展的方向。

(五)锆、铪冶金工程技术学科新进展

锆和铪是涉及国防军工和核能的战略材料，各生产国均对其生产工艺、产量和用量保密。近年来国内科研院所和企业合作，开展了锆铪冶炼关键技术研发和产业化工程研究，取得了重要突破和多项研究成果。

1. MIBK—NH_4CNS—HCl 体系萃取分离锆铪工艺

MIBK—硫铵(NH_4CNS)萃取分离锆、铪，是由美国橡树岭国家实验室研发，并在美国华昌和西部锆公司实现了产业化，先后生产了上万吨核级海绵锆和海绵铪用于核反应堆。此法具有分相良好，分离效率高，可同时获取核级二氧化锆和二氧化铪等特点。但 MIBK 在水中的溶解度大，易分解为有毒物，环保要求高。我国江西晶安高科公司与北京有色金属研究总院合作，针对美国工艺存在的问题，在国家科技部和国家发改委支持下，自主研究成功了 MIBK—NH_4CNS—HCl 体系萃取分离锆铪工艺流程。该工艺具有如下主要技术特点和创新点：

1)直接以氧氯化锆($ZrOCl_2 \cdot 8H_2O$)为原料，代替由锆英砂经氯化制得的四氯化锆。氧氯化锆可配制高浓度低酸度料液，降低料液浓度，优化工艺参数。由于放射性物质钍(Th)和铀(U)已在氧氯化锆生产中有效清除，不进入萃取分离体系。

2)双溶剂优化组合，抑制 HCNS 在 HCl 体系中降解。该工艺采用含铁量低的氧氯化锆配制料液，以降低 HCNS 分解有毒物质，在溶液中加入新型有机试剂 LSP，降低了 HCNS 分解率，阻止 HCNS 聚合物分解和沉淀，工艺过程可连续进行，控制 HCNS 的污染。

3)应用串级萃取理论，设计优化分离主体结构，优化工艺参数。设计了一种新型箱式

连续萃取槽取代美国传统的柱式萃取设备，将分离工艺简化为进料调整、萃铪、洗锆、铪反萃、萃余液中 NH_4CN 回收、粗酮补充和 MIBK 再生七个环节，整个工艺只设两个出口。

4）可同时产出合格的核级 ZrO_2 和 HfO_2。萃取效率高，分离效果好，设备材质易得，产能大且投资少于其他分离方法，质量稳定。

2．磷酸三丁酯（TBP）—树脂法萃取分离工艺

我国曾采用 TBP 法为军工需求生产核级锆，但箱内“乳化”，用 HCl、HNO_3 混合酸体系对设备腐蚀严重，影响作业的连续性，产能降低，物料消耗增高，成本大幅上升。在国家发改委支持下，由北京有色金属研究总院等研究成功磷酸三丁酯（TBP）—树脂法萃取分离新工艺，有效解决了原工艺存在的问题。其主要技术特点和创新点如下。

1）采用经碱熔的 ZrO_2Cl_2 代替 $ZrCl_4$，减少 Si 进入分离体系，控制乳化的产生。同时研究成功不同料液对萃取过程的影响，当料液中 Si/Zr 小于 1×10^{-4} 时，萃取过程稳定，不发生乳化，并可获得合格的 ZrO_2、HfO_2。

2）TBP—树脂联合萃取法降低了杂质在体系中的富集度，提高了分相效果并降低了设备的老化和腐蚀速度。

3．沸腾床氯化制取 $ZrCl_4$ 新工艺

沸腾床氯化制取 $ZrCl_4$ 和 $HfCl_4$ 是制取海绵锆、铪的重要关键技术，由于 $ZrSiO_4$ 和 Zr(Hf)O_2 在有碳存在时氯化反应热量不能维持过程连续，反应中氯消耗高，以及补热和 $SiCl_4$ 回收技术复杂。针对上述问题，我国自行研发成功沸腾床氯化制取 $ZrCl_4$ 新工艺。其主要技术特点和创新点如下：

1）将 $ZrSiO_4$ 脱硅制得 ZrO_2（电熔锆）取代 Zr(Hf)SiO_4 为原料，再经氯化获得 $ZrCl_4$，减少了能耗、氯耗和 $SiCl_4$ 回收装置，降低了成本，而 Zr(Hf)SiO_4 电熔脱 Si 时，SiO 可转化为 SiO_2 细粉出售用于建材、填料。

2）研发成功的加热体系和反应器沸腾段及其连接装置和 Zr(Hf)Cl_4 接收设备，突破了国外模式，保证沸腾氯化反应参数及过程的连续运转。

3）提高 Zr(Hf)Cl_4 气流速度，直接获得固态产品。

4．镁热还原过程控制技术

北京有色金属研究总院和国内锆冶炼企业研发成功镁热双击还原装备和方法。其主要技术特点和创新点如下。

1）原设备由于 $ZrCl_4$ 和镁在同一系统内，压力受反应热影响，难以控制。新工艺将 $ZrCl_4$ 与镁反应器分体，打破了理论和实践中必须控制 P_{Ar} 为 0.325，使还原反应易于操控，回收率提高 3%～5%。

2）分体装备使单炉产能提高 30%～40%，接近美国单炉水平能耗，成本降低 10%左右。

5．$ZrOCl_2$ 制备和“三废”处理

研究成功用“一酸一碱”法取代传统的“两酸两碱法”，将工艺简化为 $ZrSiO_4$ 一次碱熔，HCl 转型即可获得 $ZrOCl_2$ 产品。生产 1t 氯锆产生 0.7t 含水和 Th、U 废渣和 0.2t

含 20% NaOH 的废液和废 HCl，经处理后可转化为无水偏硅酸钠或白炭黑。HCl、NaOH、$ZrSiO_4$ 回收。

此外，近年来还研究开发了无坩埚多层海绵锆蒸馏、熔盐提纯制取精 $ZrCl_4$ 等技术，并在锆砂采选技术、锆英砂连续碱熔工艺、铪冶炼技术方面取得了重要进展，

6. 锆、铪冶炼技术国际合作的重大突破

2007 年国务院批准成立国家核技术公司并授权引进核工业相关技术，同年成立国核宝钛锆业公司。同时中美双方同意引进美国西部电气公司核级锆冶炼生产技术，在南通成立维科锆铪金属有限公司，建设年产 4000t 核级海绵锆生产线，一期 2000t 生产线将于 2011 年底建成。生产采用美国成熟的 MIBK Zr - Hf 分离和 Mg 热还原工艺。生产线建成后，将填补我国目前核级海绵锆产品的空白，实现生产大型化，且直接改用我国生产的 $ZrOCl_2$ 为原料，为保障我国核能用海绵锆奠定基础。

(六)锂、铷、铯冶金工程技术学科新进展

锂冶金学科的发展与军事工业有着密切的关系。金属锂、锂合金及其化合物以其优异的特性不仅在冶金、电子、玻璃陶瓷、石油化工、电池、橡胶、钢铁、机械及医疗等传统工业领域，而且在原子能、宇航及国防尖端工业等高科技领域中获得日益广泛的应用。

铷、铯具有很强的化学活性和优异的光电效应性能，在电子器件、催化剂、特种玻璃、生物化学及医药等传统应用领域中有较大的发展，在磁流体发电、热离子转换发电、离子推进发动机、激光能转换电能装置、铯离子云通信等新兴应用领域中，也显示了强劲的生命力。

1. 锂的提取工艺新进展

(1)锂盐湖回收锂技术新进展

我国是一个锂资源储量丰富的国家，在世界目前已探明的锂资源储藏量中居第二位，其中液态矿锂资源占中国总锂资源量的 79%。然而，中国含锂盐湖卤水一般都呈高镁锂比特征，如何从高镁锂比的盐湖卤水中提取锂是一个世界性的难题，也是开发我国盐湖锂资源的关键性问题。近年来在国家支持和科研人员的努力下，在盐湖锂资源的开发利用技术方面取得了一批重要技术成果。

1)青海锂业采用中科院盐湖研究所高镁锂比分离技术，成功突破了镁锂分离技术难关。此技术以盐湖老卤为原料，根据其组成特点，按硼、镁、锂先后顺序，采取联合提取工艺路线，在工业装置水平上分别得到硼酸、氢氧化镁、镁复盐、氯化铵和碳酸锂 5 种产品。此技术采用氨法沉镁工艺，利用氯化铵和氯化锂溶解度的差别，通过盐田法实现了氯化锂的富集，有效地解决了镁锂分离这一世界性难题，对我国和世界上高镁锂比盐湖卤水提锂生产具有示范意义。

2)青海中信国安科技发展有限公司已自主开发出碳酸锂生产技术，即以提硼后的酸化液和洗涤液为原料，在工艺上采取加石灰乳除硫酸根后，在盐田中蒸发析出水氯镁石达到除镁的目的，浓缩后的富锂母液经喷雾、煅烧、浸取、沉淀、固液分离，再浆化洗涤后离心过滤、干燥、包装生产出合格碳酸锂产品。2009 年该公司碳酸锂产量达到 5000t。

3)郑锦平院士等利用冬季储卤,然后进行多级冷冻日晒、积温沉锂盐田工艺来富集碳酸锂,得到了锂质量分数为 4.5%的母液。该母液通过加碱沉淀碳酸锂,再经洗涤分离出碳酸锂和其他杂质,即可获得含碳酸锂质量分数为 75%的锂精矿。最终,再通过碳化—热解工艺即可获得品位达 98%以上的碳酸锂产品。与其他提锂工艺相比,该工艺经济、成本较低,有利于保护环境。

4)我国盐湖资源丰富,富含多种矿物,西藏地区盐湖具有锂铷铯含量高的特点,尤其是在提锂后的尾卤中铷与铯得到高度富集。除盐湖卤水外,西藏地区另一重要的液体含铯矿床为地热水。但目前开发利用为空白。

(2)从矿石中提锂技术进展

1)江西宜春探明可利用氧化锂储量约 200 万 t。其中,世界最大的锂矿山——宜春钽铌矿可开采氧化锂占全国的 31%、占世界的 12%。

江西赣锋锂业股份有限公司在总结国内外矿石提锂技术的基础上,开发了一条具有自主知识产权的锂云母提锂及制备系列锂盐的新工艺,主要采用脱氟焙烧、氯化钠压煮溶出等工艺,制备出电池级碳酸锂产品,以及碳酸铷、碳酸铯、氯化钾、氟化物等副产品,并对浸出渣进行了综合利用研究。项目采用了自行研发的设备及焙料处理手段,可使锂总收率达到 75%以上,并采用一系列有效的分离方法,富集分离钾、铷、铯等有价金属,主产品碳酸锂质量达到电池级碳酸锂行业标准。

2)新疆有色金属研究所采用真空热还原法进行了金属锂吨级制备试验,并取得成功。

2. 铷铯的提取工艺

根据西藏地区盐湖特点和对以往铯分离提取研究成果的分析,盐湖提铯可考虑选用沸石离子交换法、t-BAMBP 溶剂萃取法及化学沉淀法。虽然上述试剂都可用于提取铯,但西藏盐湖地处偏远高寒地区,能源短缺,交通条件差,盐湖卤水盐度高、Cs^+ 浓度相对较低等因素制约了这些方法的应用,怎样消除高盐度对提铯效率的影响、怎样提高铯的收率、提高提取剂负载铯的最大容量、简化工艺流程、节约能源、降低成本是西藏盐湖提铯需要解决的关键问题。

兰州物理研究所马寅光等建立了一套金属铯提纯及铯泡封装装置。该装置针对铯中的不同杂质采用不同的蒸馏操作进行去除。该装置的优点在于采用了玻璃系统,能够直接观察到金属铯蒸气的运行情况;采用了多级蒸馏的方法,每次蒸馏过程都能除去金属铯中的部分杂质,再经过三级蒸馏后金属铯的纯度达到较高水平;装置兼顾铯提纯和铯泡封装功能;液氮 U 形阱对阻挡金属铯进入真空系统和油蒸气进入提纯系统的效果显著,保证了装置的真空卫生。

3. 锂、铷、铯冶金理论研究最新进展

山东临沂师范学院陆宏志等采用等温溶解平衡法研究了 25℃ 时 Li_2SO_4—C_2H_5OH—H_2O 三元体系的平衡溶解度及饱和溶液的折光率和密度,并且绘制了三元体系相图。

山东临沂师范学院杨吉民等采用等温溶解平衡法测定了 30℃时 $LiCl$—C_2H_5OH—H_2O 三元体系的平衡溶解度及饱和溶液的折光率和密度,并且绘制了三元体系的相图,

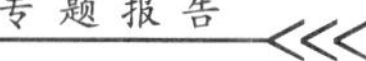

为 LiCl 分离纯化和萃取提供了依据。

成都理工大学李明采用等温溶解平衡法研究了四元体系 $Li_2B_4O_7$—$LiSO_4$—LiCl—H_2O 在 288°K 的相平衡及平衡液相。测定了平衡液相的溶解度及密度，绘制了相应的相图，简要讨论了密度变化规律。

湖南大学尹霞采用等温法分别测定了 KNO_3—H_2O 体系的溶解度相图以及 $LiNO_3$—KNO_3—H_2O 体系在 273.15°K 和 298.15°K 温度下的等温溶解度相图。

宁夏师范学院赵文霞等测定了 CsBr—C_2H_5OH—H_2O 三元体系在 25℃、35℃ 和 45℃各温度下的平衡溶解度，得到了三元体系饱和溶液中不同盐浓度下的折光率数据。试验结果表明，CsBr 的溶解度随着乙醇质量分数的增加逐渐降低，并且折光率数据也逐渐减小，用经验关联方程 $InS=A+Bw_2+Cw_2^2+Dw_2^3$ 对溶解度和醇的质量分数进行了拟合。同时，赵文霞等还测定了 CsCl—C_2H_5OH—H_2O 三元体系在 35℃温度下的平衡溶解度密度及折光率数据。该实验同时也测定了不饱和三元体系在不同醇水比例下的密度和折光率值，并对其进行了拟合。实验结果表明，随乙醇质量分数的增加 CsCl 水中的溶解度逐渐降低，并且在乙醇质量百分含量为 10.73%～49.59%时体系出现分层现象，试验用四元参数方程对溶解度进行了拟合。

(七)稀散金属冶金工程技术学科新进展

稀散金属通指镓、铟、铊、锗、硒、碲、铼七种金属，是重要战略资源，我国资源优势明显，镓、铟、锗产量居世界首位，发展稀散 金属提取冶金技术对我国发展高新技术和更加合理开发利用我国这一日益宝贵的资源具有重大意义。

1. 树脂吸附法及溶剂萃取法分离回收稀散金属的研究

萃取是现代分离技术的基础，构成了溶剂萃取、树脂吸附和液膜萃取等技术方向，其核心是萃取剂。国内采用树脂吸附法分离回收稀散金属的研究主要涉及镓、铟、锗和铼四种元素，所使用的树脂包括螯合树脂(萃淋树脂)和离子交换树脂。树脂吸附法将离子交换和溶剂萃取两种技术结合起来，具有高选择性、环境友好等优点，是低含量稀散金属提取分离的重要技术方向。近年来，我国树脂吸附法及溶剂萃取法分离回收稀散金属的研究取得进展如下。

(1)萃取分离稀散金属基础理论进展

辽宁大学稀散元素研究所对稀散元素的萃取化学和离子液体作出了大量富有成效的工作，他们研究发现 P538(单烷基膦酸)在硫酸体系中对镓、铟、铊有较好的萃取作用，并选用不同的反萃剂实现了相互分离；研究出利用多项式拟合的方法来测定溶液萃取平衡常数；研究了铼分别在盐酸和硫酸体系下的萃取热力学行为，首次得到铼在离子缔合体系下的标准萃取平衡常数，为工业提取分离钼铼奠定了理论基础[2]。

(2)镓的吸附分离技术进展

镓绝大部分在氧化铝生产中提取。目前在我国形成了技术配套较为成熟的是密实移动床螯合树脂吸附法，从拜耳法种分母液中提取金属镓。该生产工艺解决了三项核心技术：①合成了一种吸附镓选择性极高的偕胺肟螯合树脂；②找到了一种在碱性条件下能有效洗脱镓的淋洗剂;③研制了一种先进的吸附、淋洗设备，提高了吸附、淋洗效率[4]。树脂吸附提镓法不断成熟提高,已成为我国主流提取镓的方法,目前约有近十个工厂采用,镓产能达 150t/a。

有研究采用密实移动床吸附、固定床淋洗、饱洗和转型的两床联合的全逆流混床离子交换法从氧化铝生产中提取镓[6]。在用 DHG586 型螯合树脂从拜耳法工艺溶液中提取镓时，随种分母液溶液碱度的增大,树脂的吸附容量降低[7]。工业酰胺肟树脂 ES－346 从拜耳法溶液中提取镓效果较好,但长期使用会出现酰胺基在酸性介质中的退化及钒的积累等问题[8]。由于开发成功碱性络合淋洗剂,解决了镓树脂因酸性淋洗而引起的降解问题,镓洗脱率大于 95 % [5]。

(3)铟的吸附分离技术进展

迄今国内对铟的工业化提取分离仍以萃取法为主,树脂吸附分离法仍局限于实验研究阶段。

以 P507 为萃取剂制成的两种萃淋树脂[9,10]在 pH1.0～1.5 时对铟(Ⅲ)有良好的吸附性能。萃淋树脂稳定性不高是制约其工业化的瓶颈。为提高其稳定性,我国参照国外的研究,先后以乙烯砜和硼酸作交联剂，聚乙烯醇作包膜材料,分别对 P204、P507 萃淋树脂进行包膜处理，得到的包覆型的 P204、P507 树脂,经过数次吸附—洗脱—吸附循环后两种包覆型树脂吸附容量变化很小,同时仍保持对铟(Ⅲ) 的良好吸附性能[12,13]。但上述研究主要针对单一的模拟铟体系,对混合体系中干扰离子,如铁(Ⅲ)的分离等,有待今后进一步研究。

(4)铼的吸附分离技术进展

树脂吸附法对铼的提取主要涉及碱性阴离子树脂及离子交换树脂。D301 在 pH2.7 的缓冲溶液中吸附铼(Ⅶ)时,饱和吸附容量为 715mg/g;用 4.0mol/L 的 HCl 解吸,铼(Ⅶ)解吸率达 100%[14]。D314 大孔聚丙烯酸阴离子交换树脂在 pH7.0,柱上流速为 1.0ml/min 时,D314 树脂分别对钼和铼有效吸附,用 2%$NH_3 \cdot H_2O$ 约 2%NH_4NO_3 混合溶液和 6%$NH_3 \cdot H_2O$ 溶液分别对钼和铼进行淋洗解吸,分离系数为 384,钼和铼的回收率分别为 92.4%和 84.0%[15]。

强碱性阴离子树脂 201×7 可以较好地吸附钼矿烟气淋洗液中的铼,吸附后先用 5% NH_4OH＋5 $g \cdot L^{-1}$ NH_4Cl 解吸大部分的钼,再用 2mol/L 的 NH_4SCN 解吸铼,可以得到含铼 1g/L 以上的富铼溶液[16,17]。钼精矿焙烧烟尘浸出液经氧化预处理后,该树脂在 pH9.0 时可以对浸出液中的铼实现有效富集,铼的表观饱和吸附容量为 92 mg/g;1mol/L 的硝酸溶液可以对负载树脂上的铼进行有效解吸[18]。

新型三烷基胺(N235,R_3N,R＝C_8～C_{10})萃淋树脂在不同的酸度下可以实现钼(Ⅵ)和铼(Ⅶ)分离[19],用多孔的 SiO_2 粉末与 N_{235} 混合再与环氧树脂缩合制备出 L—N_{235} 萃淋树脂,在含 Mo(Ⅵ)31.25mol/L,含 Re(Ⅶ)1.604 mol/L 的混合溶液中,pH 值为 1 时树脂对 Mo、Re 的萃取率为 98%,而 pH6～10 时,Re 萃取率 70%,Mo 则不被萃取,因而在适当 pH 值下,选择 Mo、Re 共萃再分别洗脱或单独萃取,都有可能实现 Mo、Re 的分离。荷载 Re 的树脂用 1～2mol/L 的 $NH_3 \cdot H_20$ 洗脱 Re,洗脱率 91%～92.5%。

(5)锗的吸附分离技术进展

树脂吸附法对锗的提取研究较少。主要进展:在 pH 2.0～2.5 的 H_2SO_4 介质中,在

酒石酸的协萃作用下，N235 萃淋树脂可有效地从含锗溶液中分离富集锗，吸附的锗可用 NH_4F 溶液定量洗脱[20]。

(6)锗镓新型萃取剂研究进展

异氧酸肟类萃取剂对稀散金属有很好萃取效果，但存在水溶性大，萃合物油溶性差及易产生第三相的缺点。研究表明，提高萃取剂碳链长度可降低水溶性，提高亲油基的支链度可提高萃合物的油溶性。一项研究采用以氧肟酸为官能团，醚基为连接基团，合成了醚基异氧酸肟的镓锗萃取剂 G8315[21]。

除合成新的萃取剂外，由常规的萃取技术上发展起来的双水相萃取、膜萃取、物理场强化萃取、离心萃取和泡沫浮选萃取等新技术也可望应用在稀散金属的分离回收中[22]。

2. 稀散金属真空冶金技术研究

真空冶金技术作为一项新兴的分离技术，结合其他冶金技术，在稀散金属的提取生产中取得了显著的技术进步，丰富了冶金技术学科的内容。

(1)从蒸馏锌渣中回收锗、铟真空冶金技术的进展

在火法炼锌厂，粗锌精炼产生的锌渣中富集了品位很高的锗或铟。研究应用真空蒸馏的方法处理这些锌渣取得较好的效果：在 800～900℃、50～100Pa 的条件下使锌蒸发脱除，分别得到粗锌、粗铅和富集锗、铟、银的渣。产出粗锌的品位在 99%以上，返回精馏塔精炼得到精锌，锗、铟、银等在渣中富集，富集倍数锗达到 10 倍，铟和银达到 8 倍，令锗、铟、银得到有效的回收利用，与其他技术相比，锗回收率由 60%提高到 96%，铟提高到 98%，银提高到 97%[23,24]。这项技术大大提高了火法炼锌中稀散金属的回收水平。

针对火法炼锌过程中产生的含铟粗锌，昆明理工大学真空冶金国家工程实验室研究出“从含铟粗锌中高效提取铟的清洁冶金新技术”以常压精馏、真空蒸馏和结合其他冶金技术集成一套完整的工程技术和装备，解决了火法炼锌过程中高效提取铟以及粗铟提纯过程中的关键问题，实现了金属铟的高效清洁冶金生产。该铟冶炼新技术首先将含铟锌物料进行真空分离锌后使铟富集，物料中锌仍以金属的形态产出，降低了综合回收的能耗。富铟渣湿法处理所获得的粗铟在 1000℃、1～10Pa 的条件下，用真空除杂工艺代替化学除杂方法除去粗铟中的镉、锌和大部分铅、铊，取代了传统的萃取过程[25]。与传统技术相比具有流程短、成本低、铟的回收率高、对环境污染少等特点，应用于云南、广西、湖南等省区的 5 家企业，实现了从含铟 0.1%的粗锌中提炼出 99.993%以上的金属铟的产业化生产，铟的总回收率达到 90%，锌的总回收率大于 98%。该技术获 2008 年国家技术发明二等奖，并被纳入“国家清洁生产技术导向目录”，具有广泛的应用前景。

(2)从铜阳极泥中回收硒

铜、镍冶金中电解产出的阳极泥是提取硒的主要生产原料，硫酸化焙烧法是目前从铜、镍或铅电解阳极泥中提取硒的主要方法，约 50%的硒均出自该法生产。该法生产中硒以氧化物挥发，吸收不完全时会逸出，进入大气污染环境，且流程长，成本高[26,27]。我国目前已研究采用真空蒸馏配合选冶联合流程从铜阳极泥中提取硒取得了很好的效果，取得较好经济效益和社会效益[25,28]。

3. 湿法炼锌中稀散金属富集新工艺研究

稀散金属的铟 80%，锗 45%，产自湿法炼锌的综合回收。锌精矿伴生的铟、锗、镓在

湿法炼锌中绝大部分进入中性浸出渣。中浸渣的回收处理，有传统的回转挥发法和热酸浸出法，两者约各占一半。国内外对稀散金属富集回收的研究着重在热酸浸出法中如何改进铁的分离和稀散金属富集问题，比较一致的认识是针铁矿法回收稀散金属较有优势，其主要进展如下。

(1)黄钾铁矾法的铁矾渣富集铟工艺改进

中浸渣经热酸浸出后，铁与铟、锗、镓被浸出，采用铁矾法沉铁时，稀散金属与铁发生共沉淀进入铁矾渣。改进后的铁矾渣回收铟的工艺是：在 1100～1200℃，对铁矾渣进行回转窑还原挥发焙烧，铟挥发富集到烟尘，铟挥发率 90%～93%，烟尘率 10%，获得品位 2%～3%的铟富集物，后再酸溶、萃取回收铟。此工艺在一定程度上改进了黄钾铁矾法回收铟的状况，但处理矾渣数量大，热酸浸出后再回到回转窑挥发的老路，失去了热酸浸出工艺的优势，同时还带来 SO_2 和 NH_3 气污染和 Ge、Ga 的挥发率不高的问题。

(2)先分离稀散金属再行除铁的针铁矿法

避免热酸浸出液中稀散金属与铁共沉淀，可行的途径是将浸液的 Fe^{3+} 先行还原成 Fe^{2+}，先沉淀分离稀散金属后再氧化除铁。

针铁矿法除铁工艺是成熟的，Fe^{3+} 还原成 Fe^{2+} 后，将还原后液预中和到含 H_2SO_4 5g/L，进行中和沉淀分离 In、Ge、Ga，在 pH 值为 4 时，稀散金属沉淀率达 90%以上，与铁的分离效率达到 93%[30]。中和剂用氧化锌烟灰，也有用 $CaCO_3$。用锌粉置换代替中和沉淀，效果更好。在操作中溶液 Fe^{2+} 不稳定容易氧化水解入渣而影响分离效果，对此有研究采用在密闭容器通入氮气保护，进行中和沉淀(或锌粉置换)稀散金属[31]，这一措施不仅获得含铁低、稀散金属品位高的沉淀渣，而且锌粉置换的锌粉消耗也大大降低。

近年来，采用氧压直接浸出硫化锌精矿的湿法炼锌技术在我国的云南、广东相继建厂投产。硫化锌精矿不经氧化焙烧，没有铁酸锌生成的问题，因而改善了稀散金属的浸出效果，In、Ge、Ga 直接浸出率可达 90%以上，为进一步富集回收创造条件，但铁浸出率也达 30%～50%，回收稀散金属同样面临如何与高含量铁的分离问题。这些工厂的实践表明采用上述先分离稀散金属再行除铁的工艺技术是完全可行的。

湿法炼锌中回收铟锗镓的核心问题是除铁，针铁矿法是稀散金属与铁分离效率较高的方法，比黄钾铁矾法明显有优势。为解决 Fe^{2+} 不稳定和提高稀散金属回收率，采用氮气搅拌的固、液、气三相流化床技术装置进行中和或置换铟锗镓，并回收循环利用氮气是有效解决该技术实用性和经济性的技术方向之一，值得进一步研究。

4. 含锗煤提取锗的研究

我国工业提锗生产现以火法为主，将锗煤高温燃烧，从烟尘中富集回收锗，锗回收率较低，只有 50%～75%，产出的热量作发电或供热，但多数地方并无利用余热的条件，造成煤资源的浪费。我国新的研究一是在火法提取锗的同时将煤干馏并分选出焦炭；二是采用微生物浸出，提取锗后煤维持原有的形态。两者都为煤利用提供了更好的途径。

(1)高温干馏煤、还原挥发锗

针对云南某低热值、高灰分的含锗褐煤，含 Ge230×10^{-6}，固定碳 24.43%，灰分 35.43%，挥发分 46.06%，采用干馏法处理。在 1000℃下，煤裂解出的 CO、H_2 将煤中的

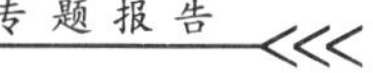

锗还原成 GeO 挥发富集到焦油，锗挥发率 86.12%。煤干馏后，用密度为 1.4g/cm^3 的 $ZnCl_2$ 溶液做洗选介质将灰分分离，获得含固定碳 84.85%，发热量 28.43MJ/kg 的焦炭，焦炭产率为 52.34%[33]。这项研究提供了除燃烧外煤的另一利用途径，是众多小厂解决煤利用可取的方案。

(2)微生物浸出提取锗

我国学者在菌种筛选、浸出体系和工艺条件对锗煤的微生物浸出方面进行了研究。在 H_2SO_4 体系下，控制 pH3～4，温度 35～40℃，用水霉菌对含锗 0.0412%的锗煤进行浸出，锗直接浸出率 58.2%，由于煤对浸出液中锗化合物的物理吸附，另用 100℃热水对浸出后锗煤进行回流洗脱，最终获得含锗 800mg/L 的富锗液供萃取提锗，锗总浸出率达到 85%[34]。另一研究在 H_2SO_4 体系下，控制 pH 为 4，温度 30～40℃，用球菌对含锗 0.01%锗煤进行浸出，锗浸出率达 84%，浸出温度在 10℃和 50℃时的锗浸出率仍可达 48%，表明微生物浸出在一定环境温度内具有实用性[35]。

微生物浸出不仅能较好解决煤的利用，而且为锗品位低或热值低的锗煤提锗提供了可行的途径，应用前景较好，但必要的前提是煤中的锗是有机锗形态存在。另要解决大规模应用，堆浸技术是可选择的方案。

(八)稀土金属冶金技术新进展

稀土是 17 个元素组成高技术元素群。由于它们的 4f 亚层的电子被外层 5s 和 5p 层电子屏蔽，不能参与成键，因而使它们具有两个非常突出的特点，即化学性质相似，而物理性质差异明显，这就给它们应用开发创造了比别的元素更多的机会，特别是在高技术领域的应用中更为突出。

我国稀土资源丰富，占世界总储量的 30.7%，基础储量占 59.3%，居世界之首[1]。目前，我国稀土生产量、出口量和应用量均居世界第一，稀土矿物冶炼及分离技术位居世界领先水平，从而奠定了我国稀土大国的地位。近年来我国稀土冶金技术有以下主要新进展。

1. 稀土矿物冶炼分离技术现状及进展

50 多年来，我国稀土工作者针对国内稀土资源特点开发了一系列先进的稀土采、选、冶工艺，并在工业上广泛应用，建立起完整的稀土工业体系，目前已发展成为世界稀土生产大国。我国在工业上利用的稀土矿物主要有三种：包头混合型稀土矿、四川氟碳铈矿、南方离子吸附型稀土矿。由于矿物种类、成分和结构不同，所采用的工艺也各有差别[2]。

(1)包头稀土矿冶炼分离工艺

包头稀土矿是由氟碳铈矿和独居石组成的混合型稀土矿，由于其矿物结构和成分复杂，被世界公认为难冶炼矿种。目前，90%的包头稀土矿采用北京有色金属研究总院自主开发成功的第三代硫酸法专利技术冶炼，即将混合稀土精矿与浓硫酸混合进行焙烧、水浸、中和除杂得到混合硫酸稀土溶液，然后采用 P_{204} 萃取转型或碳铵沉淀转型得到混合氯化稀土溶液，再采用 P_{507} 萃取分离得到单一稀土化合物产品。该工艺连续易控制，适于大规模生产，对精矿品位要求不高，运行成本低，稀土回收率高。但每处理 1t 包头稀土矿

(REO计),产生1.5t左右含放射性钍的废渣,总比放活度2.1×10^5Bq/kg,属于Ⅰ级低放废物,需建坝堆放;产生约$60000m^3$的焙烧废气,其中含氟化物160kg、SO_2和硫酸雾800kg,一般采用三级碱液喷淋的方法吸收,所产生的废水呈酸性,采用石灰中和处理;共产生$80\sim100m^3$废水,含氨氮1.3t左右,仅部分高浓度氨氮废水采用蒸馏回收处理,"三废"排放难以达到国家排放标准[3]。

(2)四川氟碳铈矿冶炼分离工艺

目前四川氟碳铈矿几乎全部采用氧化焙烧—盐酸浸出法处理。稀土精矿经过氧化焙烧,氟碳铈矿分解生成可溶于酸溶液的氧化稀土、氟化稀土或氟氧化稀土,铈被氧化为四价不溶于盐酸,酸溶渣经过碱分解除氟,得到的富铈渣可用于制备硅铁合金,或经还原浸出生产纯度为97%~98%的二氧化铈,盐酸优溶得到的少铈氯化稀土经过P_{507}萃取分离得到单一稀土化合物产品[4]。

该工艺的特点是投资小,铈产品生产成本较低,但存在工艺不连续,盐酸浸出过程中四价铈、钍、氟不溶解留在渣中,渣经过碱转化后,氟以氟化钠形式进入废水排放,钍、氟分散在渣和废水中难以回收,对环境造成污染,而且铈产品纯度仅97%~98%,价值低。因此,针对氟碳铈矿,有待进一步开发能同时回收稀土、钍及氟的高效清洁综合回收工艺。

四川氟碳铈矿含7%~8%的氟,0.2%的钍,目前冶炼分离工艺均未回收利用,二者进入废水或废渣,不仅浪费资源,而且污染环境,另外,氟碳铈矿还伴生大量的重晶石、萤石、天青石等有价值资源,也未综合回收利用。近些年来,国内一些研究院所一直致力于研究开发氟碳铈矿的绿色冶炼工艺,如氧化焙烧—稀硫酸浸出—萃取分离工艺,将四价铈、钍、氟浸入硫酸稀土溶液,然后直接萃取分离提取铈、钍、氟及其他三价稀土。但这些新工艺成本高,制约了它们的大规模推广应用。

(3)离子吸附型稀土矿冶炼工艺

离子吸附型稀土矿是我国特有的稀土矿种,广泛分布在我国南方的江西、福建、广东、云南、湖南、广西、浙江等省区,富含中重稀土元素,其中中稀土和重稀土储量占世界的80%以上,是我国宝贵的矿产资源[5]。

离子型稀土矿开采主要采用堆浸和原地浸矿技术,堆浸工艺较池浸工艺生产规模大,实现机械化作业,但存在压矿、挖富弃贫现象,资源利用率不到50%,每生产1t稀土氧化物须开挖矿体面积200 m^2,对矿山生态环境破坏严重,需长期治理才能恢复。

原地浸矿工艺不需要开挖矿体,对生态环境影响小,资源利用率高,但对于地质结构复杂的矿山,容易出现浸矿液泄漏,导致稀土回收率大幅度降低。"十五"以来,赣州有色金属冶金研究所开发浸液导流、人造底板全面截流等技术,可以避免浸矿液的泄漏,稀土综合利用率达到75%左右。但由于风化壳淋积型稀土矿床复杂和对于原地浸出的基础研究不够,特别是浸取剂溶液在贫杂矿体中的扩散和传质的机理研究不够,难以建立相应的原地浸出模型指导工业生产,直接影响原地浸出技术在复杂地质结构矿山中的应用。

2. 稀土分离和提纯技术现状和进展

(1)单一稀土分离和化合物提纯

随着高技术的发展,人们对稀土材料的要求越来越高,为了开发稀土元素的新特性,特别是光、电、磁等性能，要求制备更高纯度的稀土化合物。

稀土元素化学性质相近，相邻元素分离系数小，分离提纯难度大，是化学元素周期表中为数不多的难分离元素组之一。为此，稀土科技工作者围绕稀土元素的分离、提纯做了大量的研究开发工作。从分步结晶、氧化还原、离子交换、液液萃取到萃取色层技术，经过不间断的努力，使稀土元素的分离提纯技术得到快速发展。

稀土化合物的提纯方法主要有以下几种方法：溶剂萃取法，离子交换色层法，萃取色层法，氧化还原法等。在常规的稀土分离工业中，溶剂萃取技术已成为稀土分离提纯的主流技术，稀土产品纯度一般为 2～4N(少量 5N)[6]。

目前，单一稀土的分离提纯普遍采用 P507、P204 及环烷酸等酸性萃取剂进行萃取分离，酸性萃取剂一般用氨水进行皂化，产生了大量氨氮废水。部分企业采用液碱皂化有机相，生产成本增加 1 倍，并产生高盐度氯化钠废水。为此，胡建康等开发了钙皂化萃取分离技术、有机相溶解碳酸稀土技术；北京有色金属研究总院、有研稀土新材料股份有限公司针对不同稀土资源和萃取体系，开发了酸平衡技术、浓度梯度技术、协同萃取技术等多项非皂化萃取分离技术，申报了 8 项发明专利(1 项 PCT 国际专利)，4 项已授权。上述新技术从源头消除了氨氮废水或钠盐废水的污染，每分离 1t 离子型稀土矿(REO 计)降低运行成本 1500～2000 元，废水可达标排放，具有社会和经济双重效益，并在江苏、广州和江西等地推广应用[7,8]。

为了进一步降低萃取分离过程酸、碱消耗，以北京大学为代表的多家单位应用稀土串级萃取优化理论对现有稀土萃取分离工艺进行优化，开发了模糊萃取、联动萃取分离技术，并在多家稀土企业应用，使稀土萃取分离过程酸碱消耗减少 30%以上。

(2)稀土金属提纯技术

超高纯稀土金属是研究稀土本征性质、开发稀土新材料的物质基础，稀土金属的纯度也是影响和制约稀土功能材料性能的关键因素之一，在研究、开发高新稀土功能材料中起着至关重要的作用。国外稀土金属提纯技术及装备已经相当成熟，开发了真空蒸馏(升华)、区域熔炼、电解精炼、电迁移、区熔—电迁移联合法等多种提纯方法，稀土金属绝对纯度大于 99.99 wt%。

我国从 20 世纪 90 年代开始高纯稀土金属的制备研究，重点开展了真空蒸馏提纯工艺的研究，稀土金属绝对纯度一般只能达到 3N～3N5。北京有色金属研究总院稀土材料国家工程研究中心、有研稀土新材料股份有限公司自主研发了大型高温高真空蒸馏炉和层馏技术，单炉提纯量可达 20kg，可以提纯 14 种稀土金属，产品相对纯度达到 4N 以上，绝对纯度(包括气体杂质)达到 3N5，部分产品达到 3N8，但与国外相比，还存在一定差距。

3. 国内外稀土冶金新技术研究进展

(1)稀土矿物高效绿色冶炼技术研究

稀土矿一般为多金属共生矿，矿物结构、成分复杂，品位低，所以冶炼分离困难，化工材料消耗高。目前虽已实现大规模生产，但生产过程中仍存在三废治理，化工材料及伴生金属未得到综合回收利用等问题，导致资源利用率低，对环境造成污染。所以近些年来，国内的研究主要集中在降低化工材料消耗、减少氨氮废水污染、综合回收钍、氟、锶、铌等伴生金属以及废气、废水的综合回收利用等绿色工艺开发。

于秀兰等对氟碳铈矿—独居石混合精矿经 $AlCl_3$ 脱氟工艺及反应机理进行了研究[9]，通过对反应时间、温度和脱氟剂用量的考察，发现，在有脱氟剂 $AlCl_3$ 存在条件下，800℃时氯化反应 2 小时，稀土提取率已高达 97.4%。但温度太高时，能耗增加。

张丽清等在对氟碳铈矿和独居石混合精矿碳热氯化反应的反应机理进行了研究[10]，通过引进 $SiCl_4$ 作为脱氟剂时发现，氯化率由无脱氟剂时的 55%～88%增至 92%～99%，并能使反应在 600℃的较低温度下进行，大大降低了反应中能源的消耗，比 Goldschmidt 在 1000～1200℃加碳氯化工艺有了明显改进。

包钢稀土高科与长春应化所合作完成了浓硫酸低温静态焙烧－伯铵萃钍－P_{204} 或皂化 P_{507} 萃取转型生产混合氯化稀土工业试验，水浸渣达到国家低放射性渣的标准，该工艺可有效回收稀土矿中的钍，但静态低温焙烧工艺操作不连续，难以实现规模生产，而且低温焙烧余酸量大。针对此问题，中国有色工程设计研究总院和保定稀土材料厂联合对低温焙烧工艺进行了改进研究，通过采用低温熟化技术，可实现连续低温动态焙烧。同时，保定稀土材料试验厂还开发了硫酸低温焙烧—碳铵热分解回收 HF 的工艺，可实现尾气达标排放。另外，北京有色金属研究总院开发了中温硫酸化焙烧—水浸—过滤—中和沉淀获得可溶性钍渣，再采用酸溶解—伯胺萃取回收钍，但目前钍市场需求很小，回收钍成本增加，企业没有积极性[11-13]。

姚慧琴等人研究了采用氯化铵和硫酸铵复合浸出剂替代单一硫酸铵的浸矿工艺[14]，结果表明，新型复合浸出剂浸取稀土浸出率高于单一浸取剂，同时能减少某些非稀土杂质元素的浸出。但目前离子矿均采用铵盐浸出，生产 1t 稀土精矿要消耗 5t 左右的硫酸铵，全部进入环境中，导致开采矿区氨氮严重超标，地下水受到严重污染，急需开发无氨氮的环境友好的新型浸出工艺。

韩国的 Wantae Kim 等人采用机械化学研磨法处理马来西亚的海滨砂独居石矿，在磨矿过程中添加固体 NaOH，磨矿完毕后，先用水溶解回收磷酸钠，沉淀物采用硫酸浸出。通过对分解产物的 SEM 分析以及硫酸浸出液的元素含量进行分析，发现经过 240min 磨矿，磷的回收率可达 92%以上，不溶物采用 0.05N 的硫酸在室温浸出时，La、Nd、Sm 的浸出率大于 85%，而 Ce 的浸出率仅 20%，Pr 为 70%。浸出率低的原因是生成了 CeO_2 和 Pr_6O_{11}，当硫酸浓度增加到 5N 时，全部稀土元素均可回收[15]。

(2)新型分离提纯技术研究

1)离子液体在稀土分离提纯中的应用。近年来，一些研究者将其他领域的新型技术也逐渐应用到稀土元素的分离提纯上。离子液体，全名为室温离子液体(RTILs：room temperature ionic liquids)，是一类室温或相近温度下完全由离子组成的有机液体化合物。与传统分子溶剂相比，具有许多独特的优点，如在室温条件下蒸气压低、不易燃、稳定性好、液态温度范围宽、导电性好、溶解能力强，并且可通过结构的改变调节其物化性质.离子液体的研究已经从最初以替代传统挥发性有机溶剂为主要特征，发展到目前分离过程中以追求高效性和高选择性为主要目的，这一过程反映了人们对离子液体应用的认识逐渐趋于成熟。

国内已有关于离子液体应用在 Co^{2+} 、Ni^{2+} 、Cu^{2+} 、油料脱硫等领域的报道，但对于稀土萃取分离领域报道较少，中科院长春应化所开展了离子液体在稀土分离中的应用研究。

陈继等人分别研究了[$C_n$min][PF_6]/Cyanex925体系萃取Sc^{3+}的机理，表明[$C_n$min]和$Sc(Cyanex925)_3^{3+}$在离子液相和水相中的离子交换过程，同时分配比随pH值增大而增大；该体系在分离Y^{3+}和重稀土时，加入EDTA可改善Y^{3+}与其他离子的分离系数。此外，他们还研究了咪唑离子液体/有机磷酸酯体系分离Ce^{4+}，Th^{4+}，Ce^{3+}，咪唑离子液体/伯胺N1923分离Th^{4+}和RE^{3+}，以及咪唑离子液体/CA－12分离Y^{3+}和稀土。为了解决离子液体黏度大，分相困难，平衡时间长，夹带流失等问题，又开展了离子液体的固定技术，如溶胶—凝胶载体、共价键合到聚合物载体等[16]。

国外对于离子液体的研究开发较早，但在稀土萃取分离中的应用研究报道还不多。

Jensen等报道了以离子液体[C_4mim][NTf_2]为溶剂，以HTTA为萃取剂，萃取Eu^{3+}，Nd^{3+}等金属离子时的阴离子交换机理。萃取时萃合物并不是$L_n(TTA)_3(H_2O)_n$或$L_n(TTA)_3$(HTTA)中性复合物，而是$L_n(TTA)_4^-$配离子与离子液体中的阴离子NTf_2^-进行离子交换而进入离子液体，[NTf_2^-]被交换到水相中。另外，他们还讨论了利用改变介质酸度进行反萃的可能性。萃取后的离子液体相与0.01～0.1mol/L $HNTf_2$溶液接触，$Ln(TTA)_4^-$可以被[NTf_2]重新交换出来[17]。

2)离子印迹分离技术。金属离子印迹聚合物(IIP)首先是由Kabanov和Nishide研究小组制备的。该小组首先将能与金属离子相配合的功能单体制成线形聚合物，然后与金属离子形成络合物，与骨架单体交联聚合形成金属离子印迹聚合物，通过酸洗等后处理去除印迹离子，即得到金属离子印迹聚合物。实验结果表明，与未印迹聚合物相比，印迹聚合物对印迹金属离子的选择性明显提高。由这一成功的工作开始，Cu^{2+}、Zn^{2+}、Ni^{2+}、Co^{2+}、Ca^{2+}等金属离子均被作为印迹离子，制备金属离子印迹聚合物[18]。

离子印迹技术在固相萃取预富集低浓度模板离子和从其他共存离子或复杂基质中分离目标物等领域，具有广阔应用前景。

郭仕仕等人选用5,7－二氯－8－轻基喹琳和4 乙烯基吡睫作为配体，首先合成钕离子三元配合物，然后使其与苯乙烯和二乙烯基苯在引发剂作用下共聚形成聚合物，使用盐酸将模板离子洗脱，形成具有模板记忆效应的印迹聚合物。该聚合物对Nd^{3+}的饱和吸附量可达35.18mg/g，当La^{3+}存在时，Nd/La的分离系数可达87以上，表明该印迹聚合物对Nd^{3+}具有很好的选择性[19]。

高学超等人制备了接枝有聚偕胺肟(PAO)的硅胶微粒PAO/SiO_2，利用偕胺肟基团对金属离子的强螯合作用，对稀土钆离子实施了表面印迹，制得了钆离子表面印迹材料IIP—PAO/SiO_2，重点考察研究了其对相邻的三种稀土离子钐、铕、钆离子(离子半径相差1～3 pm)的识别与分离性能。研究结果表明，表面印迹材料IIP—PAO/SiO_2对钆离子具有很好的选择性，其中Gd/Eu的分离系数达7.49，Gd/Sm的分离系数达7.93，分离系数较大，可实现在皮米尺度上对相邻三种稀土离子的分离[20]。

Regis Gareia等人采用divinylbenzene—DTPA聚合物印迹材料对Gd/La进行了分离研究，发现其分离系数为13.6[21]。

离子印迹聚合物可应用于工业废水、饮用水中贵重金属的去除和回收，并可作为同相萃取的填充剂而用于复杂基质中金属离子的富集和分离，并且离子印迹聚合物有良好的专一吸附性能，这是其对模板印迹的结果。此外，采用印迹技术制备的聚合物比传统方法制备的聚合物的吸附容量都有不同程度的提高，而且离子印迹聚合物易解吸和可重复利用的特性完全符合吸附材料的根本需要。在处理各类重金属废水时，可以针对不同重金属废水特点和最终去向选择与之相适用的离子印迹技术路线，达到理想的富集、分离效果[2]。

三、稀有金属冶金工程技术学科国内外进展比较分析

我国稀有金属发展大致可分两类：一类是我国具有优势资源的金属，另一类是随当今高新技术发展而急需发展战略金属。前一类金属因为是我国的优势资源，又是世界高新技术发展的重要原材料，所以国家重视，国际关注，产品在国际市场上占据主导地位，资源开发和冶金技术在国际上居先进或领先地位，如稀土、钨。后一类金属虽然我国资源不十分丰富，但由于是高新技术发展必不可少的急需原料，所以发展也很迅速。其资源开发和冶金技术除少数外，大部分达到国际先进水平。

我国稀有金属与国际的主要差距是它们的高级合金材料和新应用产品的研发和生产。现在国际上大部分稀有金属材料我国都能生产，但是有些深加工、高技术产品的制造技术和产品质量还跟不上国际先进水平，特别是由我国原始创新的技术和产品远落后于国际先进国家，所以要加大技术创新力度，争取赶上国际先进的发展。下面就按主要金属类别分别予以叙述。

1. 钨冶金工程技术学科发展比较和分析

近 30 多年来，在国家支持和全国钨业科技工作者的共同努力下，我国钨冶金工程技术学科在冶金基础理论和资源开发、冶炼工艺等技术方面都取得了重大进展，钨的资源开发及其制品的生产已居世界首位，钨冶金总体技术已达到世界先进水平，许多技术已居世界领先地位，我国已经从钨资源大国转变成钨及钨制品的生产大国和国际市场主要供应国。

发达国家，如苏联和美国出于战略需要，曾建立完备的钨工业体系，同时也培育了较为发达钨冶金学科。但是随着中国钨冶炼业的发展，钨初级产品源源不断出口，他们逐渐把研究重点转向了钨加工领域，钨冶金学科发展较为缓慢，甚至对钨冶金领域某些方面的认识还停留在数十年前。按照目前世界钨工业格局以及未来的发展趋势，中国钨冶金行业在相当长的时期内仍将占据主要地位。

然而，尽管我国已是世界钨及钨制品生产大国，但是我们还不是钨工业强国。因为，目前我国只是国际上钨金属及初级钨制品的生产和供应国，在高级钨制品或钨应用产品方面仍落后发达国家，例如，在硬质合金领域差距就较大，许多高精尖及重要特种和军工应用产品还不能生产，研究水平还处于跟踪状态。所以钨冶金工程技术学科需要向钨应用领域纵深发展，任重而道远。

2. 钼冶金工程技术学科发展比较和分析

当前我国钼冶金工程技术学科的总体水平已经进入世界先进行列，但是由于我国钼工业起步较晚，加之体质方面的制约，我们在钼方面的研究落后于美国等发达国家，与国

外最先进的水平相比仍有不少差距，特别是众多中小企业技术仍很落后。

钼冶炼方面，国外普遍采用多膛炉进行钼精矿焙烧，国内栾川钼业和金堆城钼业的多膛炉在 2010 年陆续开始投产，其他企业主要采用反射炉、回转炉进行生产。钼铁冶炼国外企业普遍采用机械化自动化程度高的工艺，而我国大多数企业仍然采用传统工艺，人工配料、作业环境差、产品表面黏渣难处理。钼化工方面，国外有多条氧压煮生产线，通过钼精矿直接生产成钼酸铵和高纯三氧化钼，省略了钼焙烧环节，降低了二氧化硫污染。但国内大多数钼酸铵生产厂尚沿用传统的硝酸酸洗氨浸法，污染大、回收率低。国外一些专业钼化工企业采用升华炉生产工业氧化钼，产品适合用于催化剂行业，而国内尚无此类生产装置。钼粉末冶金方面，钼金属纯化国外高钼金属可以实现 6N，而国内最好的仅接近 5N。国外可以实现特种元素含量的有效控制，例如钼粉氧含量可以控制 $100\times10^{-6}\sim150\times10^{-6}$ 水平，而国内金堆城最低只能达到 350×10^{-6}；国外钼粉的粒度范围宽，而国内相对狭窄，特粗和特细钼粉生产技术不成熟；合金材料研究上有差距，国外如 plansee 能够大量供应钼钨、钼铼等各种钼合金，而国内主要以钼镧为主，微量掺杂匀化性差。在钼金属加工方面主要是高档次产品的质量和规格差距较大，plansee 已经能够生产 LCD 显示屏 5 代线用的 2.17m 宽的大型钼靶材，而国内钨钼企业目前能生产的最大宽幅仅为 700mm。

3. 钽、铌冶金工程技术学科发展比较和分析

我国钽铌冶金工程技术学科经过多年努力取得了重大进步。特别是 21 世纪以来，随着我国国民经济的快速发展，通过自主研究和引进消化创新，钽铌湿法冶金、火法冶金、金属加工、合金及化合物制备等整体技术已基本达到或超越了国际先进水平，其代表厂家中色（宁夏）东方有色集团近年更是以快速发展跻身世界钽业三强。钽铌产品不仅在传统领域内得到了发展，而且更开发了高新技术和国防军工领域所急需的新产品。产品质量节节上升，不仅满足了国内市场的需要，而且已逐步挤入国际市场，有些已成为国际名牌。例如，东方钽业生产的电容器钽丝和钽粉质量已居世界领先水平，2010 年出口量已分别占据国际市场的 60％和 30％，分别居世界第一和第三位。但是，由于我国研究能力和创新水平仍不及发达国家，所以，在钽铌加工和创新产品开发上仍然落后于国际先进国家。

4. 钛冶金工程技术学科发展比较和分析

21 世纪以来我国钛冶金工程技术学科已取得很大进步，与国外先进的差距逐步缩小，特别是自主设计开发成功世界最大的 12t/炉倒 U 型还原蒸馏炉，以及洛阳双瑞万基、遵宝钛业分别从国外引进并消化创新 ϕ2400mm（设计产能 125t/台·日，氯耗 0.95t/t－$TiCl_4$）的大型沸腾氯化炉生产技术、植物油除钒技术和镁电解多极槽技术，使我国钛冶金工程技术开始进入世界先进行列。但是，由于我国原料条件差、大部分企业规模小技术水平还不高，所以行业整体技术与国外还有一定的差距。差距主要是：氯化设备规模小、产能低；精制大部分企业还采用落后的铜丝除钒工艺，单塔产能低，且不能连续生产，环保差；还原蒸馏炉寿命短，只有国外先进的 1/4；镁电解槽规模小、技术落后；海绵钛生产总电耗高达 32000kW·h/t－Ti，比国外 20000（日本）约 25000kW·h/t－Ti（独联体）高 12000～7000kW·h/t－Ti；海绵钛产品质量虽有进步，但批量质量分布不够均匀，疏松度

有待进一步的提高;"三废"治理中废水、固体废料已基本上治理、回收利用做得比较好,但废气的治理与国外先进尚有差距。

5. 锆、铪冶金工程技术学科发展比较和分析

近年来我国锆铪、冶金技术有了较大的突破,但与国际先进相比还存在一定差距。

国外锆铪冶炼技术分别以美国华昌公司(西部电气),法国塞佐斯公司的工艺流程为代表,其不同是前者采用萃取分离、后者采用熔盐分馏。他们的共同特点是:①生产规模大,连续稳定。华昌核级海绵锆年产能3500t,塞佐斯为2500t。沸腾氯化炉日产达120t,还原炉单产达1.5t。分离实现在线检测,过程连续稳定。分离工艺可同时产出合格ZrO_2和HfO_2。②生产工艺环保好。华昌公司的MIBK法萃取体系循环使用,锆萃余液和铪反萃液沉淀处理,滤液用作农肥。塞佐斯公司分离为火法,全流程中管道连接与空气隔离避免污染,熔盐回收净化后循环使用。③较低的能源和物料消耗,锆总回率高达75%~80%。④铪的产品产量质量可满足核电、军工和民用需求。

我国的主要差距:①生产规模小,企业年产能力不到100t,单炉还原产量仅0.4~0.8t,沸腾炉内径仅为0.6m,日产能小于15t,萃取分离体系也仅能与百吨配套,产品未形成自己的品牌;②锆总回收率低,从原料到海绵锆仅为35%~40%,物料和能耗高,产品成本高无竞争力;③分离体系规模小,TBP萃取法的设备腐蚀和乳化问题有待在产业化生产中解决;④目前无海绵铪的生产线,海绵铪生产仍为空白,金属铪全部依靠进口;⑤研发和设计团队技能总体滞后。

6. 锂、铷、铯冶金工程技术学科发展比较和分析

(1)锂冶金技术国内外对比和分析

总的来说,国外锂产品巨头和我国盐湖提锂企业的主要差异在资源质量而非技术水平。国际盐湖锂主要由SQM、FMC和Chemetall三家公司提供。上述公司生产的碳酸锂成本低、生产规模大,主要原因不在于镁锂分离技术上的优势,而是资源优良,并通过综合利用各元素,开发各种产品,摊薄了碳酸锂的平均成本。

(2)铷铯冶金技术国内外对比和分析

我国铷铯的提取冶金技术已取得重大的技术进步,但在铷铯材料的生产和应用方面与国外比较起来差距很大。这些年来我国铷铯的开发研究工作,主要集中在铷铯的提取工艺上,而忽视了铷铯应用的开发研究,直接阻碍了我国铷铯工业的发展,使我国丰富的铷铯资源不能得到很好利用,先进的提取工艺不能充分发挥作用,优质产品的生产能力得不到施展。因此,我国铷铯工业的生命力在于铷铯应用。

7. 稀散金属冶金工程技术学科发展比较和分析

近年来,我国稀散金属冶金技术进步快,与国外的差距越来越小。国外稀散金属萃取技术的研究十分活跃、种类很多,主要形成几种萃取体系:Kelex100在铝酸钠溶液中萃镓(法国);TBP在酸性体系萃镓;P_{204}萃铟(日本);Versatic皂铵萃铟(日本饭岛冶炼厂);Lix63、Kelex100萃锗(美国)、C7—9氧肟酸;异戊醇萃铼(法国)、N235、TOA、TBP萃铼(德国、美国)等[1,2,3]。通过对萃取与反萃条件、排除杂质离子干扰、抑制第三相形成、萃取剂的改性等方面的研究使萃取技术日臻成熟,走向实用化。总体上,国内对新型高效的

萃取剂研究开发及相关萃取化学的基础研究与国外相比仍较薄弱，原创性的萃取剂较少，这是我国萃取技术发展的瓶颈。

国外提纯镓比较先进的技术是螯合树脂吸附法，但具体到吸附和淋洗工艺和设备各国则各有不同。在日本住友化学和三菱化工分别于1984年和1987年宣布用螯合树脂吸附法提纯镓工业化后，我国开展了螯合树脂吸附法的研究并不断改进，直至2005年后逐渐成熟，走向大规模工业应用。铟的吸附国外的研究是采用包覆膜技术对树脂进行包覆处理[11]。

8. 稀土金属冶金工程技术学科发展比较和分析

由于我国稀土资源丰富，且矿物种类齐全，经过多年的开发和应用研究，我国稀土矿物冶炼和分离技术已经达到国际领先水平。研究解决了包头铁、稀土、铌共生矿的资源综合开发利用和氟碳铈矿与独居石混合型稀土矿冶炼、分离的世界级技术难题，研究发明了当前世界上唯一的离子型稀土资源的提取分离技术，研究发明了难选冶的四川氟碳铈矿的分离提取工艺技术。但随着稀土产业规模的不断扩大，稀土冶炼分离过程中产生的"三废"污染问题日趋严重，急需开发高效实用的绿色冶炼分离工艺，解决"三废"对环境的污染问题，同时要进一步提高资源综合利用率。我国稀土分离提纯、火法稀土金属及合金制备等技术均已达到世界先进水平。

国外稀土冶炼企业迫于中国稀土冶金技术的进步与低廉的成本，相继关停，相关的研究也逐渐减少。但是，国外稀土应用研究却在不断向纵深发展，稀土应用水平、应用领域和应用产品得到日益发展。我国的差距在于自主创新能力差，拥有自主知识产权的产品少，这是今后稀土冶金工程技术学科需要努力加强的。

四、稀有金属冶金工程技术发展趋势及展望

尽管我国稀有金属冶金整体技术已经达到或接近国际先进水平，但是由于稀有金属在高新技术和国防军工领域中的特殊作用，在其今后的发展中必将遇到强大的国际竞争的挑战、国内发展高要求的挑战，而且还将受到我国资源、能源和环境的制约。因此，稀有金属冶金工程技术学科必须认清发展形势，切实提高创新意识和能力，紧跟国际发展新动向，针对我国实际，开展卓有成效的研究和开发，才能获得更多成果、更新的发展。在今后发展中有如下共同方向和重点。

1)针对我国资源特点，研究开发高效、节能、环保的选冶技术，资源综合利用技术，金属分离提纯技术，以及它们相应的生产装备和基础理论；

2)针对各种稀有金属自身的特点，研究开发具有高功能的、高市场前景的应用材料和产品，以及相应的生产装备和基础理论；

3)针对现有矿山和冶金企业的"三废"污染问题，加快研究其治理和综合利用技术；

4)加强二次资源回收利用技术的研究和开发，制定相应的促进和鼓励二次资源回收的政策；

5)建立鼓励自主创新的机制，加强人才梯队建设，切实推进产学研一体化进程，建立产业技术创新联盟，造就一支高水平的具有创新与攻坚能力的科研队伍。

各具体金属的发展方向和重点在下面分别予以叙述。

1. 钨冶金工程技术发展趋势及展望

1)针对钨资源问题,重点研究白钨资源和高钼资源的高效选矿技术、白钨矿分解新技术和钨、钼高效分离技术以及它们相应的生产装备和基础理论。

2)针对当前钨冶金工艺流程废水、废渣排放量大,污染环境严重的问题,加快研究现有钨湿法冶金工艺废水、废渣处理技术,并同时研究新的闭路循环的绿色环保工艺流程。

3)加强高级钨应用产品,特别是高性能、大规格硬质合金的研究开发;

2. 钼冶金工程技术发展趋势及展望

1)抓紧已引进的多膛炉氧化焙烧钼精矿生产技术和装备的消化创新,以尽快在其他企业推广应用,淘汰反射炉和外热式回转炉等落后的生产技术和设备。

2)引进研究优质、高产、环保和资源利用率高的MAP法,以尽快提高工业氧化钼的生产水平;进一步完善推广先进的钼铁合金冶炼技术、真空分解钼精矿技术,提高其生产钼铁、二硫化钼和高纯三氧化钼的各项指标,降低成本。

3)重视和跟踪国际钼冶金新技术的发展,例如采用多元化炉型生产工业氧化钼技术、以可溶性氧化钼为前驱体采用溶剂法生产钼酸铵技术等先进的工艺技术;研究解决钼酸铵生产中产生的氨浸渣的回收利用路线,达到高效、低成本回收利用目的。

4)深入研究钼粉制备理论和技术,高效、低碳地产出比表面不同、流动性各异、含氧低、含合金元素丰富并且微含量的各种钼粉,以适应多种用途需要。

5)发展多样化的钼金属粉末成型技术,下大力气研究开发钼金属高端终端制品,提高产品附加值。

3. 钽、铌冶金工程技术发展趋势及展望

1)继续提高氟钽酸钾钠还原制高比容钽粉工艺、电子束熔炼—氢化制高压高可靠钽粉工艺及高细径钽丝加工工艺的技术水平,不断提升电容器级钽粉、钽丝的技术档次,以满足钽电容器快速向小型化和片式化方向发展的需要。

2)深化先进的真空铝热还原生产铌制品工艺的研究和推广,逐步淘汰落后的Nb_2O_5碳热还原的生产工艺,以提高铌制品的质量和降低生产成本。

3)进一步提高钽铌及其合金加工技术水平,满足国内市场对钽铌管、棒、线、板、带材及其制品的需求。

4)继续提升钽铌湿法冶炼产品,碳化钽、铌酸锂和钽酸锂单晶、含钽铌高温合金(超合金)以及铌铁合金等传统产品的生产技术,进一步提高产品质量和降低生产成本。

5)加强铌超导材料、钽铌及其合金抗腐蚀材料、阴极溅射钽镀层材料、钽铌氧化物陶瓷等高新技术材料的研究和开发,加强钽铌在高技术领域应用的创新,为我国高新技术和国防军工的发展提供物质保证。

4. 钛冶金工程技术发展趋势及展望

为了充分发挥钛及其合金的优异性能,钛冶金工程技术学科在未来发展中应紧紧围绕降低钛金属的生产成本,提高质量,减少“三废”排放等方面,作为研究的方向和重点。

发展方向:①进一步完善Kroll法,降低成本,减小能耗,降低“三废”排放,进一步提高产品质量，这对目前冶炼技术稍有落后的中国来说，更为重要；②大力开发钛冶金新技术、新方法，从根本上降低能耗和成本。

重点项目：

1)海绵钛的质量升级工程。

通过技术创新和技术改造，全面地改进和优化氯化、精制、还原蒸馏、精整、镁电解等工序装备和技术；通过系统研究和过程控制，优化和稳定每一个重要节点的技术参数，使中国海绵钛的质量达到日本和俄罗斯的水平。

2)海绵钛的节能、减排技术研究。

通过对氯化、精制、还原蒸馏和镁电解等重要工序的关键技术研究和开发，使中国海绵钛的能耗接近日本的水平，"三废"排放全面低于国家规定的水平。

3)海绵钛的技术基础研究。

重点研究氯化过程中的流场分布及其对氯化过程的影响，还原蒸馏过程中温度场的分布对还原过程的影响，为节能减排，提高产品质量打下坚实的基础。

4)新法冶炼原理及技术研究。

跟踪国外的新技术研究，重点支持国内发展的新方法研究。

5. 锆、铪冶金工程技术发展趋势及展望

发展方向：

1)借鉴钛还原模式，研发排 $MgCl_2$、大容积还原等技术，实现单炉产量超过 2t；

2)研究新的锆盐电解体系和设备，从基础理论和装备、材质方面寻求在实践中原生锆生产的连续化；

3)萃取分离原料 $ZrOCl_2$ 制备工艺的连续化生产，以进一步节能降耗；

4)锆铪萃取分离新工艺的研发以取代有毒和异味严重的 MIBK 法。

研究重点：

1)加速对维科公司引进项目的消化吸收和再创新工程，力争在 2011 年底完成一期 2000t 规模从锆铪分离到海绵锆和 HfO_2 的达标达产。2015 年二期共 4000t 达标达产入堆应用。

2)抓紧具有我国自主知识产权创新技术和设备大型化项目的研究：①研发 1～1.5m 反应炉径的大型沸腾炉结构和加热设备，建立日产 100 吨级 $ZrCl_4$ 生产的沸腾炉；②研发 TBP—树脂分离锆铪工艺，尽快实现产业化；③继续研发完善"双缶还原"和排 $MgCl_2$ 新工艺，实现单炉产海绵锆 2t；④继续研发 FFC 法氧化物直接电化反应制备金属锆工艺，力求短期在工艺和设备上有所突破；⑤继续研发 $ZrSiO_4$ 烧结连续化新工艺和产业化；⑥强化 $ZrOCl_2$ 生产工艺中放射性物料、废渣、废碱、废酸的廉价回收工艺研究，彻底解决环境保护问题；⑦ 研发锆铪熔盐分离、萃取分离的新理论新工艺。

3)扶持海绵铪研发项目，建立我国海绵铪产业，打破国外垄断和封锁。

4)我国年进口锆砂 50 万 t，国产锆砂不到总量的 1/10，要扶持大型锆砂采选工艺研究。开展大型采选设备和工艺的研发，设计制造日处理原矿量可达千吨的综合采砂船和 Th、U 的高效分选设备，打通我国近海采选锆砂工艺流程的难题，提高我国自有锆砂产量。加强勘察沿海和内陆锆矿力度，大幅提高这一战略资源的储量。

6．锂、铷、铯冶金工程技术发展趋势及展望

（1）锂冶金学科近期发展方向及重点

1）锂冶金工艺技术的发展应从矿石提锂转向卤水提锂。由于矿石提锂成本较高，卤水提锂已成为全球技术和发展的趋势，我国也不例外。

2）重点研究解决西藏4000m以上盐湖海资源的开采、运输技术和盐池渗漏的问题，解决青海盐湖锂、镁的技术难题。

（2）铷、铯冶金学科近期发展方向和重点

1）继续大力开拓铷、铯在传统领域的应用，拓宽原有应用点，努力开发新的应用点，这对于我国铷、铯工业的发展有着现实意义。

2）抓紧铷、铯新应用领域的开发，把开发重点放在磁流体发电、热离子发电、激光能转换发电等高新技术上。这些尖端技术开发难度大、投入大、要求高，取得成效时间长，但前景光明。一旦铷、铯在这些高新技术领域得到成功应用，铷、铯的应用量便会大幅增长，我国的铷铯工业就会有一个新的发展。

7．稀散金属冶金工程技术发展趋势及展望

1）高选择性的吸附树脂和萃取剂的研究与应用。这是解决低含量、成分复杂的稀散金属资源分离提取的技术手段，特别在酸性体系下萃淋树脂吸附铟、镓、锗的研究具有现实的价值。吸附铊对于有色冶炼厂废水的处理也是紧迫的课题。

2）发展二次稀散金属资源的循环利用技术。着重开发ITO玻璃、光纤、GaAs芯片、LED等领域产出的二次资源的回收技术。

3）铼作为战略物资，我国年仅产出1～2t，应开展深入的资源普查，对已知的资源，研究更高效的提取技术，以提高铼的回收程度，满足我国军工需求。

4）我国镓资源的60％分布在铝、锌、铁的矿产中，因缺乏有效的回收手段基本处于流失中。研究非铝矿产中镓资源的提取技术是必要的。

8．稀土金属冶金工程技术发展趋势及展望

1）随着稀土应用量的不断增加，稀土资源消耗速度加快，可开采的稀土矿品位也在下降，一些新发现的稀土矿物结构复杂，开采、冶炼难度大，采用传统的冶金工艺处理这些稀土矿物时，效率低、流程长、生产成本高、资源利用率低，环境污染严重。因此，急需开发适用于低品位、多金属共生稀土矿物的综合回收技术。

2）稀土元素性质非常接近，分离提纯困难，导致稀土冶炼分离工艺复杂，且消耗大量的酸、碱、盐等。大量的化工材料未有效回收利用，进入环境造成污染。随着国家对环保的要求越来越高，我国即将颁布世界首部《稀土工业污染物排放标准》，对现有稀土冶炼分离企业提出了更高的要求，急需开发低成本、实用的清洁冶炼分离工艺，实现化工材料的循环利用，从源头减少或消除“三废”污染，使企业完全达到新的排放标准。

3）稀土功能材料等高技术产品对稀土氧化物及盐类的纯度、物理化学特性提出了更高更特殊的要求，如稀土催化剂需要比表面高、热稳定性好的稀土氧化物，稀土发光材料需要更纯、粒度更细更均匀、形貌规则的稀土氧化物或成分均匀的复合化合物；陶瓷助剂需要超细、高分散性稀土氧化物等。目前稀土冶炼分离企业后加工工艺粗放，产品物性不

可控，难以满足应用需求，有待开发粒度、形貌、比表面等物性可控的制备技术和装备。

4)随着稀土永磁材料、发光材料等功能材料的快速增长，对镨、钕、铽、镝、铕等紧缺稀土产品的需求量大幅增加，导致高丰度铈、镧、钇、钐等稀土元素过剩，价格低，从而影响稀土企业的效益，增大稀土企业运行难度。应大力开展高丰度稀土元素的应用研究。

5)随着我国稀土出口政策的调整，国外稀土资源将陆续开采加工，稀土冶炼分离行业的竞争将趋于国际化。同时，国外对中国稀土产品的需求量将会减少，必须加强国内稀土的应用开发。

参考文献

[1] Honggui Li. Zhongwei Zhao，Thermodynamics for Leaching of scheelite：Pseudo – Ternary – System Phase Diagram and Its Application[J]. Metallurgical and Materials Transactions B，2008，39(4)：519 – 523.

[2] 用于处理高浓度钨酸钠溶液的离子交换新工艺. 中国钨业. 2005,21(1):33 – 35.

[3] 万林生，章小兵，石忠宁. 仲钨酸铵晶体生长速率常数及活化能研究[J]. 中国钨业，2004,19(6)：38 – 40.

[4] 李洪桂，赵中伟. 实施跨越式发展战略，加速我国成为钨业强国的步伐——与钨冶金企业家谈心[J]. 中国钨业，2006,(4).

[5] 李洪桂，赵中伟，霍广生，等. 紧密结合生产实践为新技术研发奠定基础——中国钨湿法冶金理论研究取得重大成果[J]. 中国钨业，2009,(5).

[6] John. E. Litz. Method of molybdemum disalide oxidation[P]. US20030031614.

[7] John O. Marsden. Method for improving metals recovery using high temperature pressure leaching [P]. US2005015458.

[8] Robert W Balliet. Production of pure molybdemum oxide from low grade molybdenite concentrates. [P]. US20050014247.

[9] Debbi olson. Kennecott to invest ＄270 millon in molybdemum processing facility[J]. Enterprise,2008.

[10] 阎建伟，张文征. 钼化学品导论[M]. 北京：冶金工业出版社，2008:96.

[11] Mohamed H. Khan. Method for the production of A purified MoO_3 composition[P]. US 5,820,844.

[12] Viktor stoller. Method for producing ammonium Heptamolybdate[P]. US 20100008846.

[13] Loyal M Johnson. Densified molybdemum metal powder[P]. US 20090116995.

[14] 赵永庆，曲恒磊，等. 高强高韧损伤容限型钛合金 TC21 研制. 钛工业进展，2004,21(1):22 – 24.

[15] 朱知寿. TC_4 – DT 损伤容限型钛合金疲劳裂级扩展特性的研究。钛工业进展，2010,29(5):14 – 17.

[16] 于振涛，周廉，等. 生物医用 β 型钛合金的设计与开发. 稀有金属快报，2004,23(1):5 – 8.

[17] Zhao Yongqing，Qu Henglei，et al. Alloys and Compounds，2006,407:118 – 124.

[18] 熊炳昆，等. 锆铪冶金. 3 版. 北京：冶金工业出版社，2009.

[19] 熊炳昆，杨新民. 有色金属进展·锆铪篇. 长沙：中南大学出版社，2008.

[20] 熊炳昆. 我国锆铪工业发展现状//中国有色金属工业协会钛锆分会论文集. 2008.

[21] 蒋东民. 我国锆产业链构成和发展//浙江锆谷科技公司报告集. 2009.

[22] 闫明，钟辉，张艳. 卤水中分离提取铷、铯的研究进展. 盐湖研究，2006,(14)3:67 – 72.

[23] 刘向磊，钟辉，唐中杰. 盐湖卤水提锂工艺技术现状及存在的问题. 无机盐工业. 2009,(41)6:4 – 6.

[24] 申军，戴斌联. 盐湖卤水锂矿资源开发利用及其展望. JM&P 化工矿物与加工，2009(4)：1－7.

[25] 南综. 我国“盐湖提锂”突破技术瓶颈. 军民两用技术与产品，2009(12)：19.

[26] 尹红军，邓天龙，李栋婵. 盐湖卤水资源锂镁分离提取的研究进展. 无机盐工业，2009，(45)5：1－4.

[27] 郭秀红，郑绵平，刘喜方，乜贞，等. 西藏盐湖卤水铯资源及其开发利用前景. 盐业与化工，2007，(37)3：8－13.

[28] 马寅光，张涤新，刘苏明. 金属铯真空蒸馏装置的研制. 真空与低温，2008，(12)2：99－102.

[29] 陈创天，林哲帅，王志中. 紫外、深紫外非线性光学晶体的最新研究进展. 功能材料信息，2005(2)：3－11.

[30] 王诗语，姜恒，苏婷婷，等. 离子交换法制备 $LiNbO_3$ 超细粉体及其表征. 应用化工，2010(39)5：665－672.

[31] 张德银，黄大贵，李金华，等. 新型钽酸锂 $LiTa_3O_8$ 粉体制备工艺研究. 功能材料，2008，(39)7：1125－1127.

[32] Jing Liu, Fukuan Liu, Guiling Yang, et al. The preparation of conductive nano－$LiFePO_4$/PAS and its electrochemical performance. ElectrochimicaActa, 2010 (55) ：1067－1071.

[33] Xiongge Yin, Kelong Huang, Suqin Liu, et al. Preparation and characterization of Na－doped LiFePO4/Ccomposites as cathode materials for lithium－ion batteries. Journal of Power source, 2010 (195) ：4308－4312.

[34] Sung Woo Oh, Seung－Taek Myung, Seung－Min Oh, et al. Polyvinylpyrrolidone－assistedsynthesis of microscale C－$LiFePO_4$ with high tap density as positive electrode materials for lithium batteries. Electrochimica Acta，2010 (55)： 1193－1199.

[35] Gang Yang, Hongmei Ji, Haidong Liu, et al. Crystal structure and electrochemical performance of $Li_3V_2(PO_4)_3$ synthesized by optimized microwave solid－state synthesis route. Electrochimica Acta, 2010 (55) ：3669－3680.

[36] Sébastien Patoux, Lise Daniel, Carole Bourbon, et al. High voltage spinel oxides for Li－ion batteries: From the material research to the application . Journal of Power Sources, 2009 (189)：344.

[37] Feng Wu, Meng Wang, Yuefeng Su, et al. A novel method for synthesis of layered $LiNi_{1/3}Co_{1/3}Mn_{1/3}O_2$ as cathode material for lithium－ion battery. Journal of Power Sources, 2010 (195)：2362－2367.

[38] Yanling Qi, Yudai Huang, Dianzeng Jia, et al. Preparation and characterization of novel spinel $Li_4Ti_5O_{12-x}Br_x$ anode materials. Electrochimica Acta, 2009 (54) ：4772 － 4776.

[39] Kim S S, Sato N. Proceedings of the 8th Advanced Automotive Batteries Conference (AABC). vol. 10, FL, USA, May13－15, 2008(Abs.)

[40] 张昕岳，邓小宇，乌志明，等. 一种无水四氟硼酸锂的制备方法：中国，ZL200810018260. 6.

[41] 邓凌峰，陈洪，魏银烨. 锂离子电池电解质锂盐双乙二酸硼酸锂的制备与性能. 材料导报，2009(23 专辑)，295－298.

[42] Kuznetsova L I, Detusheva L G, Kuznetsova N I, et al. Catalytic Properties of Platinum－Promoted Acid Cesium Salts of Molybdophosphoric and Molybdovanadophosphoric Heteropoly Acids in the Gas－Phase Oxidation of Benzene to Phenol with an $O_2 + H_2$ Mixture. Kinetics and Catalysis, 2009 (50)：205－219.

[43] Leszek Matachowski, Zieba A, Zembala M, et al. A Comparison of Catalytic Properties of $Cs_xH_{32-x}PW_{12}O_{40}$ Salts of Various Cesium Contents in Gas Phase and Liquid Phase Reactions.

Catal Lett,2009 (133):49 - 62.

[44] Yasunori Ino, Wataru Kuriyama, Osamu Ogata, et al. An Effcient Synthesis of Chiral Alcohols via Catalytic Hydrogenation of Esters. Topics in Catalysis,2010 (53) :1019－1024.

[45] 陆宏志,陆继俊,杨吉民. 25 ℃时硫酸锂—乙醇—水三元体系的相平衡研究. 无机盐工业,2009,(41)9:21－23.

[46] 尹 霞,吴玉双,李琴香,等. $LiNO_3$—KNO_3—H_2O 三元体系相平衡研究. 无机化学学报,2010,(20)1:45－48.

[47] 李明,桑世华,张振雷,等. 四硼酸锂—硫酸锂—氯化锂—水四元体系 288 K 相平衡研究. 无机盐工业,2009,(41)5:21－23.

[48] 赵文霞,胡满成,刘立红. CsCl—C_2H_5OH—H_2O 三元体系在 35℃下平衡溶解度研究. 榆林学院学报,2008,(18)4:63－66.

[49] 赵文霞,胡满成. CsBr—C_2H_5OH—H_2O 三元体系多温下平衡溶解度研究. 宁夏师范学院学报:自然科学,2008,(29)6:35－38.

[50] 张江峰,张宪铭,章吉林. 全球锂工业及发展趋势. 有色金属网与有色金属技术经济研究院. 2008.

[51] 北京麦肯桥资讯有限公司. 磷酸铁锂渐成锂离子电池材料发展主流. 新材料产业,2008(11):70－72.

[52] 周令治,陈少纯. 稀散金属提取冶金. 冶金工业出版社,2008.

[53] 臧树良. 稀散元素化学与应用. 中国石化出版社,2008.

[54] 朱屯. 萃取与离子交换. 冶金工业出版社,2005.

[55] 冯峰,李鑫金,于相浩. 密实移动床离子交换法提取镓的工业应用. 稀有金属,2007,31:114－117.

[56] 谢访友,王纪,郭朋成,等. 用离子交换法从拜耳法生产 Al_2O_3 的种分母液中回收镓. 轻金属,2009(10):10－13,17.

[57] 冯峰,于相浩. 从氧化铝生产流程中提取镓的离子交换法:中国,2007,CN101067165.

[58] 冯峰,李一帆. 拜耳法种分母液组成对树脂吸附镓的影响. 湿法冶金,2006,25(1):30－32.

[59] 杨马云,蔡军. 离子交换法回收镓工艺中螯合树脂的研究. 轻金属,2007(3):14 16.

[60] 袁延旭,刘军深,王海燕. 浸渍树脂自盐酸介质中吸附铟(Ⅲ)的性能. 材料研究与应用,2009,3(2).

[61] 刘军深,袁延旭. P_{507}萃淋树脂在盐酸介质中吸附铟(Ⅲ)的性能. 稀有金属与硬质合金,2008,36(4):1－4.

[62] Trochimczuka A W, Kabayb N, Ardac M, et al. Stabilization of solvent impregnated resins (SIRs) by coating with water soluble polymers and chemical crosslinking [J] . Reactive & Functional Polymers,2004 (59): 1－7.

[63] 刘军深,姚淑云,李桂华,等. 稳定化 P_{204} 浸渍树脂吸附铟的性能. 稀有金属, 2007, 31(6):829－833.

[64] Yanxu Yuan, Junshen Liu, BaoxueZhou, et al. Synthesis of coated solvent impregnated resin for the adsorption of indium(Ⅲ). Hydrometallurgy, 2010,101:148－155.

[65] 吴香梅,舒增年. D301 树脂吸附铼(Ⅶ)的研究. 无机化学学报,2009,25(7):1227－1232.

[66] 张俊, 姚林,吕改芳,等. D－314 树脂动态分离钼铼的研究. 稀有金属, 2010,34(1):85－89.

[67] 刘红召,曹耀华,高照国. 辉钼矿焙烧烟气淋洗液中铼的富集. 有色金属(冶炼部分),2009(6):39－42.

[68] 林春生,高青松. 用 201×7 树脂离子交换法回收淋洗液中铼的研究. 中国钼业,2009,33(3):30－31.

[69] 马红周,王耀宁,兰新哲. 树脂富集铼的研究. 有色金属(冶炼部分),2009(6):43－45.

[70] 蒋克旭，翟玉春，熊英，等. 新型三烷基胺萃淋树脂合成及提取分离铼钼研究. 有色金属(冶炼部分)，2010(2)：35－37.

[71] 董岁平，张理平. CL－N235 萃淋树脂吸萃分离锗的研究. 稀有金属与硬质合金，2006，34(3)：1－4.

[72] 林江顺，王海北，高颖剑，等，一种新型镓锗萃取剂的研制与应用. 有色金属，2009，61(2)84－87.

[73] 卢友中. 取新技术在有色冶金中的应用. 上海有色金属，2007，28(3)：137－140.

[74] 吴成春. 提锗工艺的技术改造[J]. 有色金属(冶炼部分)，2005(3)：36－39

[75] 中国有色金属工业协会，等. 有色金属进展(1996—2005)—第五卷[M]. 长沙：中南大学出版社，2007.

[76] 刘大春，杨斌，戴永年，等. 稀散金属提取提纯过程中真空冶金技术的应用研究进展[J]. 稀有金属. 2006(30)：89－92.

[77] 金世平. 真空蒸馏提取金属硒的工艺研究[D]. 昆明：昆明理工大学，2004.

[78] 万雯. 粗硒的真空蒸馏提纯工艺研究[D]. 昆明：昆明理工大学，2006.

[79] 王学文，华睿. 粗硒真空精炼实验研究. 第五届全国稀有金属学术交流会论文集，长沙：2006.

[80] 王树偕. 铟冶金. 冶金出版社，2006：85.

[81] 宋素格，等，湿法炼锌过程中铟铁的分离. 有色金属(冶炼部分)，2006(3).

[82] 王振云，等，含铟锌精矿低温氧压浸液铟的回收试验研究. 有色金属(冶炼部分)，2009(6).

[83] 敖卫华，等，中国煤中锗资源特征及利用现状. 资源与产业，2007(10).

[84] 冯林永，等，从褐煤中提取锗及洗选焦炭. 有色金属，2009(8).

[85] 罗道成，低品位含锗褐煤中锗的微生物浸出研究. 煤化工，2007(8).

[86] 徐光宪. 稀土[M]. 北京：冶金工业出版社，1995.

[87] Huang X W, Long Z Q, Li H W, et al. Development of rare earth hydrometallurgy technology in China[J]. J Rare Earths, 2005, 23(1)：1－4.

[88] 黄小卫，李红卫，王彩凤，等. 我国稀土工业发展现状及进展[J]. 稀有金属，2007，31(3)：279－288.

[89] 池汝安，田君. 风化壳淋积型稀土矿评述[J]. 中国稀土学报，2007，25(6)：641－650.

[90] 黄小卫，李建宁，彭新林，等. 一种非皂化磷类混合萃取剂萃取分离稀土元素的工艺[P]，CH pat：200510137231.8.

[91] 黄小卫，李建宁，张永奇，等. $P_{204}-P_{507}$ 在酸性硫酸盐溶液中对 Nd^{3+} 和 Sm^{3+} 的协同萃取[J]. 中国有色金属学报，2008，18(2)：366－371.

[92] 于秀兰，王之昌，王勇，等. 采用 $AlCl_3$ 脱氟—碳热氯化法从混合稀土精矿中提取稀土[J]. 过程工程学报，2008，2：258－262.

[93] 张丽清，张凤春，姚淑华，等. 加碳氯化—氧化反应方法从氟碳铈矿-独居石混合精矿中提取稀土[J]. 过程工程学报，2007，1：75－78.

[94] 李国民，胡克强，刘金山，等. 一种混合型稀土精矿分解方法：中国，200410006443.8[P]..

[95] 胡克强. 酸法分解包头稀土矿新工艺：中国，98118153.8[P].

[96] 黄小卫，张国成，龙志奇，等. 从稀土矿中综合回收稀土和钍工艺方法：中国，ZL 200510085230.3[P].

[97] 姚慧琴，欧阳克氙，饶国华. 用复合浸出剂浸取风化壳淋积型稀土矿中的稀土研究[J]. 江西科学，2005，6：721－723.

[98] Wantae Kim, Inkook Bae, Soochun Chae, et al. Mechanochemical decomposition of monazite to assist the extraction of rare earth elements[J]. Journal of Alloys and Compounds，2009，486：610－614.

[99] 陈继，李德谦. 离子液体在稀土分离中的应用. 中国科协第 143 次青年科学家论坛，2009.

[100] Nakashima K, Kubota F , Maruyama T. Feasibility of Ionic Liquids as Alternative Separation Media for Industrial Solvent Extraction Processes[J]. Ind Eng Chem Res,2005,44 (12) :4368 – 4372.

[101] Shea K J,Sasaki D Y. Selective adsorption of metalions on pely(4 – vinylpyridine) resins in which the ligand chain is immobilized by crosslinking [J]. J Am Chem Sec, 1989,111:3442 – 3445.

[102] 高学超,高保娇,牛庆媛,等.采用新型离子表面印迹材料在皮米尺度上对相邻稀土离子进行识别分离的研究[J].化学学报, 2010,68(11):1109 – 1118.

[103] Regis Garcia, Catherine Pinel, Charles Madic, et al. Ionic imprinting effect in gadolinium/lanthanum separation[J]. Tetrahedron Letters, 1998,39(47):8651 – 8654.

[104] 王劲松,包正垒,刘耀驰,等. 离子印迹技术及其在重金属污染治理和回收中的应用[J]. 安全与环境学报,2009,8.

撰稿人:黄小卫 张永奇 庞思明 王向东 熊炳昆
王力军 蒋东民 张 力 张宗国 马育新
王 蓁 周国宝 赵中伟 朱永安 孙院军
张文征 王 莉 任志东 陈少纯 刘军深
刘大春 范家骅

贵金属冶金工程技术学科研究进展

一、前言

贵金属是储量、产量少，性质独特、价格昂贵、用途广泛的一组金属，是金、银和铂族(铂、钯、铑、钌、铱、锇)共 8 种金属的总称。贵金属中银产量最高，近年来，世界年矿产量约 1.5 万～2 万 t。金次之约 0.25 万 t。铂族金属仅约 500t，被称为“稀有贵金属”。铂族金属中铂、钯产量约为铑、钌、铱、锇总量的 10 倍，后 4 种金属称为“稀有铂族金属”。铂族金属是 20 世纪初，才开始大规模工业生产和广泛应用的“新金属”，先后被誉为“现代工业的维他命”、“第一高技术金属”和“人类社会可持续发展的关键材料之一”[1]。

中国黄金产量 2007 年超过南非，连续 4 年成为世界第一的生产大国。2010 年我国黄金矿产量 341t，银产量(包括二次资源回收)11617t。在建立金川生产基地后，国内生产用铂族金属主要由其供应(约占 97%)。我国成为年产 2t 以上的铂族金属矿产国。2009、2010 年金川矿产铂族金属量分别为 2.5t、2.2t。同时我国又是位居世界最前列的贵金属消费大国，特别是铂、钯近年消费量已增至世界总消费量的约 1/5，分居第一、第二位。近年来，我国二次贵金属资源再生回收也有了较快发展。

我国贵金属冶金工业的成就和我国贵金属冶金学科的加速发展是分不开的。21 世纪以来，在贵金属冶金的众多领域，广泛地开展了研究和工业应用推广工作，一批科技成果获得省部级以上奖励，申请了多项发明专利。国内已出版《铂族金属矿冶学》[2]、《贵金属提取与精炼(修订版)》[3]、《贵金属冶金学》[4]、《金、银及铂族金属再生回收》[5]、《贵金属冶金及产品深加工》[6]、《贵金属萃取化学》[7]、《贵金属分离与精炼工艺学》[8]、《铂族金属冶金化学》[9]、《贵金属生产技术实用手册》[10]等专著，较全面地总结了我国近代贵金属冶金工程技术取得的成就和进展。

二、近年来我国贵金属冶金工程技术学科的重要发展

(一)从一次资源矿石中提取贵金属的冶金工程技术学科最新进展

1. 金、银矿选矿技术的新进展

贵金属矿石一般品位较低，需在冶金前选矿富集。近年来，随着我国金、银矿山的不断发现和开采，相应的选矿技术有了较大的发展和提高，主要进展如下[1,10]。

1)破碎、磨矿继续“多碎少磨”，国外朝大破碎比和超细碎等方向发展[1,14,15]。国内逐步采用新型高效破碎、磨矿、分级设备，并与磨浮工艺流程的改造相结合[11,13,16—18,29]。

2)重选是回收原矿和砂矿黄金的主要方法，重选所得的单体金约占世界总产量的

20%～25%[19]。国外一些大型岩金矿都在磨矿回路中重选单体金[14]。靠离心产生"强化重力"的尼尔森(Byron Knelson)选矿机[1]，金富集比提高到1000～5000倍，70英寸选矿机处理能力达到650t/台·h[20]。国内在尼尔森选矿机基础上研制的STL型水套式离心选矿机，已用于砂金，岩金矿山[17,20,21]。

3)浮选是金银矿山富集金银的主要选别手段。国内正研究闪速浮选、载体转移、微生物氧化浮选技术，为粗粒金、微细粒金、难选金矿石的有效选别提供新技术[10,11,14]。浮选设备沿高效、节能、大型化方向发展。重要进展是浮选柱(柱式浮选槽)的应用，发达国家已全面应用于粗、扫选及尾矿回收等作业[1,20,22,23]。国内黄金矿山推广应用SF型、BS—K4型、JJF型、QF型、CHF—Y型等高效浮选机，以提高金、银分选指标[14,20]；逐步形成浮选机、浮选柱联合或单纯柱的分选工艺[24,25]。闪速浮选适于快速回收粗粒金，如哈马斯蒂铜选厂使金回收率提高20%～25%，美国矿业局研制的分离式闪速浮选机使浮选时间缩短为1/9[1]。国内苗龙金矿金回收率提高10.73%[26]，一种闪速浮选机获得专利[27]。

分批加药、饥饿浮选、充气苏打调浆、阶段磨浮、泥砂分选、加温浮选、分支浮选、双回路循环浮选等工艺得到应用[14,20]。浮选药剂围绕高效、低耗、无毒(少毒)开展研究。引入新活性基团强化药剂功能、混合用药提高选别效果[1,20,28]。以上各技术在国内金矿已得到应用，且效果明显[1,13]。

4)联合选矿工艺技术。难选矿的处理正向联合工艺发展。如重—浮选、浮选—氰化、氰化—浮选以及重选(浮选)—炭浸等联合工艺，已在国外不少黄金矿山应用[1,11,14]，国内矿山也已向这方面发展。

2. 金矿提金工艺的新进展

(1)氰化提金工艺

我国约76%矿山采用氰化法提金[14]。当前，氰化法提金技术的主要发展方向是[1,10,11,83]缩短时间、提高浸出率、降低氰化物消耗。我国氰化法提金技术通过自主研究和引进技术消化创新，近年来在以下方面取得了重要进展。

1)氰化助浸。最有代表性的是用氧化剂，富氧浸出工艺(CILO)已被广泛采用，可缩短时间，提高浸出率和处理能力，降低氰化物用量。富氧浸出工艺、H_2O_2及过氧化物助浸、氨碱预浸、边磨边浸、液膜萃取、一步电积法及尾矿压滤—滤饼干堆—回水利用等技术的应用，明显提高了生产能力和金浸出率[1,14]。国内已有重要研究成果和生产应用[13,14,30]。

2)氰化法的强化和浸出设备改进。国际上强化的有效方法有[14,19,20,31]加压、多段浸出等。加压氰化可提高浸出率[31,32]，如美国管式反应器处理含砷金矿，三段浸出率达90%；加温加压—管道氰化浸出[31]仅需15～30min。国际上在浸出设备改进方面主要是对氰化机械搅拌槽的改进，如双叶轮搅拌槽及大直径低速叶轮搅拌槽、英国Davy McKee公司炭浆槽、南非英美公司AAC"泵—槽"、美国锥形浸金反应器、俄罗斯倒锥型浸金反应器。我国近年来也研究和发展了上述氰化法的强化工艺技术，同时通过自主研究和引进消化创新，成功地对浸出设备进行了许多有效的改进，有力地推动了氰化法提金技术的发展[13,14]。

3)堆浸[1,14]。堆浸技术是处理低品位和复杂矿石的有效方法,国际上已广泛应用。如秘鲁 Yanncocha 金矿(月处理矿石 136 万 t)、美国内华达州 Round Mountain 矿(日处理能力 4.5 万 t)等。通过制粒,使渗透性差、含泥质矿物多的矿石及尾矿也能堆浸;美国金矿用浸没式加热器,在-30~-45℃的气候条件下仍能正常生产。近年来,我国堆浸技术已获得较大发展,国内有较多的中小矿山采用了堆浸技术。最大的堆浸厂福建紫金山金矿,年处理矿石 260 万 t(1.4~1.7g/t),浸出率 70%[1],并完成了细菌氧化—堆浸研究,其“破碎—筛分—洗矿,细粒重选、炭浸,粗粒堆浸”联合工艺,可使矿石边界品位降至 0.2g/t[124,125]。

4)浸出液提金[1,14]。国内主要发展炭浸工艺,近年来推广应用了加温加压解析和无氰解析工艺。离子交换法一直与活性炭吸附工艺进行竞争,新型树脂开发与应用是其发展核心。新疆阿希金矿在国内率先引进树脂提金技术。低浓度含金氰化液,已研究萃取法,如用 8%TRPO—8%TBP—84%煤油、金萃取率>95%[33]。少数用锌粉或锌丝置换法的企业,其氰化金泥的熔炼工艺正被湿法取代[34]。

5)从含氰废液中回收氰化物。含氰废水大致可分为高(CN_T>800mg/L)、低浓度两种。前者需回收氰化物,后者需破坏氰化物以避免污染。国内已使用的回收法主要有[35,36]:酸化—挥发—吸收法、酸化沉淀—中和法、膜法和离子交换法等。

按照我国规定的允许排放浓度(易释放氰化物浓度<0.5mg/L),常用处理方法[35—37]为氯化法,SO_2—空气法,又称 Inco 法[56]和氧化法。“含氰废水及黄金工业特征 COD 浓度处理新技术及配套设备研究与应用”获 2009 年度“中国黄金协会科学技术奖”一等奖。

(2)非氰提金工艺

由于氰化法浸出速度慢、氰化物剧毒、难处理、矿浸出效果差等缺陷,多年来,非氰化提金技术受到重视。非氰化提金浸出剂已有硫脲、卤素及其化合物、硫代硫酸盐、多硫化物、石硫合剂、氨基酸类试剂、类氰化合物试剂、腐殖酸类试剂和碘化物等。应用这些浸出剂的工艺一般由于其稳定性较差、试剂消耗大、成本高,所以工业应用进展缓慢,短期内还不可能全面替代氰化法[1,11,14,20]。古老的氯化法被再次提出后有所发展,其中水溶液氯化法在国内已用于高品位物料;采用超声强化原位电氯化法浸出率可提高 27.63%[38];ZLT 氯化提金法无毒、浸金快、浸出率高、成本低[39]。独创的石硫合剂(LSSS)浸金进展不大[1],但近年研究的改性石硫合剂法(简称 ML)[40,41],已成功用于废弃线路板浸金[57]。

(3)难处理金矿利用技术

“难处理金矿”指不能用常规浸出工艺提取及回收率低的资源[1,31,42,43]。目前,世界黄金储量 2/3 以上为难处理矿,约占黄金产量的 1/3,我国情况与此相当[31,43,44]。在工业上现已研究成功焙烧和生物(细菌)氧化法等预处理工艺,使这些难处理金矿得到较好的开发利用。我国通过自我研究和引进解决了部分难处理金矿的开发问题,并已建厂投产[42,43]。

1)焙烧氧化法。主要分为[31,44,46]:缺氧磁化焙烧、干燥磨矿—循环沸腾焙烧—烟尘和尾渣处理、高砷金精矿二段焙烧、原矿固化焙烧。最近微波焙烧技术有所发展。近年国际上德国鲁奇(Lurgi)式循环沸腾焙烧炉和瑞典波立登公司密闭收尘系统已成功应用和推广,开发出闪速焙烧和纯氧(富氧)焙烧等无污染新工艺[44]等。焙烧氧化在国内开发早、产能大[42,43]，一段焙烧产能＞4000t/d、二段焙烧＞1000t/d。其中山东国大黄金公司开展早、水平较高。原矿直接焙烧在贵州建成示范厂，氰化浸出率＞82%[42]。国内研制的BGRIMM－DNl50型沸腾焙烧装置已用于新疆某高砷含铜金精矿处理[47]。

2)热压氧化技术。分为热压氧酸浸、硝酸盐催化氧化和热压氧碱浸法[31,44—46]，加压氧化生产的金约占世界产量的5%[19]。国内于“九五”进行科技攻关，已用于吉林浑江金矿(碱性热压氧化—釜内快速氰化，金浸出率从＜47%提高到＞92%)、金翅岭金矿(压热催化氧化预处理—氰化)、紫金矿业集团(压热氧化预处理)等[42,43]。

3)生物氧化法。微生物(细菌)既作为催化剂又参与氧化反应[31,44—46,48]，国内已用于生产[1,12,42,49—50]。山东莱州黄金冶炼厂引进澳大利亚细菌氧化技术后，长春黄金研究院、烟台黄金冶炼厂也合作建厂。应用自主知识产权(CCGRI技术)，全部国产配套设备、自行设计，建成的辽宁天利企业有限公司生物氧化提金厂，代表国内先进水平。目前已建成生物氧化提金厂l0座，但规模都较小，总处理能力仅1200t/d[11,12]。

4)化学氧化法[31,44—46]分为电化学、氯化和硝酸氧化法三种。其中，硝酸氧化法可细分为HMC法、Arseno法、Redox法、Nitrox法。国内已用于甘肃舟曲[45]、招远金翅岭金矿[51]，后者的“含砷难处理金银精矿的催化氧化酸浸湿法冶金新工艺体系及工业开发”项目获山东省科技进步一等奖[52]、国家科技发明二等奖。氯化氧化法已用于处理美国卡林型含碳质金矿等。国内龙王山砷锑金矿，贵州、广西等的高砷、硫细粒浸染金精矿，应用该项技术后也达到了较高的浸出率[46]。

3. 独立银矿的综合回收

世界矿产银中，从独立银矿山获得的银不到其总量的15%[54]。20世纪末以来，国内独立银矿的重要性不断提升，现约占全国矿产量的1/4。浮选和氰化是主要提取法，其技术水平提高很快。如某银矿用简单浮选流程回收率已达到92.34%[61]。陕西某铜铅锌银多金属硫化矿[62]，探明储量近万吨(银金属)，选矿和直接氰化都有较大难度，目前正在加快研究解决，并已取得进展。

4. 从有色金属资源中综合回收金、银

我国从有色金属资源综合回收的伴生金约占金总量的43.39%[55]。2007年有色金属副产金达48.631t，同比增长25.16%，远高于矿产金10.88%的增幅[59]。中国银产量的74.3%[63]来自铅、锌和铜资源的综合回收，独立银矿山的份额较小[53,54]。

有色金属资源中伴生金银的综合回收，首先是通过选矿。但是，除少数能选出高品位金、银或金银精矿单独处理外，极大部分伴生金银都是在主金属冶炼过程中逐步富集，然后再在适当工序分离出来进行处理，其中最重要的是各种阳极泥。

1)铜阳极泥[63,64]。处理工艺主要有：火法—电解工艺、全湿法工艺和火法—湿法联合工艺。国内大多数厂家以湿法为主：硫酸化焙烧蒸硒—稀酸分铜—氯化分金—亚钠分银—金银电解。国外以波立登公司、奥托昆普为代表的火法—湿法联合工艺：加压浸出铜、碲—火法熔炼、吹炼—银电解—银阳极泥处理提金，技术先进，金银回收率高。近年来我国铜陵有色公司引进并安装了全球最大的奥托昆普Kaldo炉[65]，总收率达到金99.0%，银98.6%。国内贵溪冶炼厂、大冶有色金属公司、金川集团公司、安徽铜都铜业

金昌冶炼厂及云铜股份公司[66]等，分别对已采用的湿法或湿—火法联合工艺[64]进一步创新，使其整体技术达到世界先进水平。

2)铅阳极泥[67,68]成分复杂，基本上采取三种处理方式：火法熔炼—氧化精炼—电解、全湿法和湿—火联合工艺。湿—火法联合是当前的发展方向。河南豫光金铅股份有限公司采用火、湿法两套相互补充的工艺，使有价金属得以较彻底的分离和回收[69]，该工艺对原料适应性强、回收率高、生产成本较低、符合环保要求。高砷铅阳极泥的处理，现在仍是一大难题，需要今后继续努力加以解决。

5. 矿石中提取铂族金属技术的进展

1)南非和俄罗斯是世界铂族金属的主要资源国，目前两者的市场供应量约占世界总量的 90%。生产用的矿石资源主要是含铂族金属和镍、铜都较高的硫化镍铜矿，都是从铜、镍选冶工艺中综合回收的。近年来主要是对铜镍主干工艺流程进行了设备及相应工艺的改进，取得较好成效[1,10]。

2)金川镍矿是我国最主要的铂族金属资源和铂族金属生产基地，矿石类型也是硫化镍铜矿。为了提高镍选矿回收及更有效地回收铂族金属，二矿区富铂矿石(6.03g/t)采用重—浮选工艺处理，铂、钯回收率比单一浮选分别提高 9%、5.3%[1]；同时进行了新浮选药剂[97]和旋流静态微泡浮选柱[98]等新技术的应用研究。在铜镍主干流程生产中，继 1992 年引进澳大利亚奥托昆普技术后，21 世纪又自主研究开发了具有更高生产效率的合成炉，同时也对其他相应的工艺技术进行了一系列创新，使其总体技术达到世界先进水平[1,10,99]。另外，新疆喀拉通克铜镍矿也是已开发的铂族资源，每年可回收数十 kg。

金川贵金属的回收途径为从二次铜镍合金中回收金与铂族金属和从铜阳极泥中回收金、银及少量铂族金属。经几十年科技攻关、技术改造，技术上已有了很大进展[1,10]。

从二次铜镍合金中回收贵金属工艺于 1983 年正式采用，当时铂族金属生产规模仅 400kg/a。经几十年的革新改造，现在产能已增加至 3t/a 铂族金属。主要技术进展是：①采用全萃取工艺：贵金属精矿—蒸馏锇钌—DBC 萃金—S201 萃钯—N235 萃铂—TBP 铑铱分离，所得各金属溶液分别精制得到锇、钌、金、铂、钯、铑及铱产品。全萃取工艺比传统的化学沉淀法流程短，贵金属损失少，回收率高；相互分离彻底，返料少；产品质量高，铂钯金均能达到 99.99%，铑铱锇钌 99.90%；劳动强度小，便于自动控制。②研究成功亚硫酸钠浸出脱硫新工艺：浸出液经蒸发结晶得到硫代硫酸钠产品，脱硫率从原工艺的 89% 提高到 94%、且硫得到利用，贵金属回收率增加 0.4% 。

铜阳极泥处理通过引进技术装备和自主研究、消化创新，2008 年设计出加压浸出—卡尔多转炉氧气顶吹工艺，2010 年投产，取代了原用的烦琐流程。加压釜容积 20m^3，卡尔多炉容积 6.3 m^3。新工艺比传统流程短、设备先进、自动化程度高、效率高；铜、镍等贱金属浸出率高，贵金属回收率高；物料适应性强，可大规模生产；操作条件好、节能环保。

6. 我国其他铂族资源开发前期研究的进展

云南金宝山钯铂矿是国内尚未开发的重要铂族金属资源，但矿石品位低，开发难度大。20 世纪末以来，在云南省有关部门的组织和支持下，地质勘探、矿石工艺学、选矿工艺和冶金工艺技术等方面都取得了重要的研究成果。广州有色金属研究院等采用原矿粗磨—粗尾矿再磨—铜镍铂钯混合浮选—阶段磨矿—阶段选别工艺，选用 PZO 强力捕收剂和 K515 分散剂；经 1.5t/d 连续扩大试验，精矿（产率 3.4%）回收率（%）为 Cu 85.5、Ni 58.5、Pt 78.0、Pd 74.9[100]。浮选所得高 MgO（21%）精矿，由昆明贵金属研究所经多方案试验后，推荐采用：①电炉熔炼—铜镍锍氧气吹炼—高锍 1 段常压、1 段加压氧化浸出，贵金属富集 100 倍以上；②低锍选择浸出 Ni、Co、Fe -铜渣除铜、硫，产出贵金属富集物。从低锍到贵金属富集物，Pt、Pd 回收率约 97%。昆明冶金设计研究院评估认为可行[1,10,60]。一些单位还进行了湿法直接处理研究，但尚难于应用[1,10,123]。昆明贵金属研究所还提出加压氰化工艺，已申请发明专利。其特点是在加压氰化前加压氧化酸浸 Cu、Ni、Co，使消耗氰化物的物质显著减少，降低成本；按二次氰化渣含量计算，浸出率（%）：Pt>94，Pd 约 99[101,102]。由于试验规模不同、相关资料不全，对工艺的最终评价还需通过进一步验证，并应考虑整合有关工艺以取得更好效果。

（二）从二次资源中回收贵金属技术的进展

各种被废弃的贵金属产品和工业生产中产出的含贵金属物料都是贵金属的二次资源，是贵金属市场供应的第二个主要来源。全世界在核废料中存在大量由核裂变反应产生的铂族金属（FPs 包括 Ru，Rh 和 Pd），目前总量已可与自然界的储量相比拟，并将继续增加而成为未来的重要回收对象[58]。世界各国都重视贵金属二次资源的回收，使回收技术和回收水平得到不断发展和提高，我国也是如此[73—75]。

含金二次资源主要有合金、含金液、电子废件、贴金件、粉尘、垃圾和选矿尾矿等，主要以含金废液及各种固体废料形式流入市场，已有多种方法回收。含银二次资源主要有固体含银废料，其主要来源是电子工业中的废品元器件、垃圾、感光材料、电解阳极泥和冶金工业中的含银废矿渣等。涉及含银废液的行业有银电镀、影像业、电子工业及各类实验室等。含铂族金属的二次资源除类似于上述金银固体和液体废料外，还有量大面广的汽车、石油等各类废旧催化剂[5]。

1. 从电子、电器废料中回收贵金属

近年国内外电子、电器废料回收贵金属的技术发展较快，主要有[75,76,118]：火法冶金及硝酸—王水、双氧水—硫酸、鼓氧氰化等湿法工艺，及“干法破碎＋干法分选”、“湿法破碎＋水力摇床分选”和“干法破碎＋干湿混合分选”等物理回收工艺。近来已开展应用生物冶金技术从电子废弃物中提取金属的研究[70,71]。日本是回收利用较好的国家。随着电子工业及其相关工业的快速发展，我国近年来对电子、电器废料等回收贵金属资源越来越重视。国家科技部已将“电子废弃物——废线路板的全组分高值化清洁利用关键技术和工程示范”项目列入“十一五”国家科技重点计划，技术路线是拆解、分类—焚烧—熔炼、铸阳极—电解—阳极泥中回收贵金属[72]。一些企业还积极发展和努力提高各自的技术装备水平，如优美科（Umicore）集团在中国佛山成立珠宝材料加工（佛山）有限公司，引进德国全套技术及设备、派专家监控整个生产流程，“三废”按标准排放[91]。

2. 从含银废液中回收银

含银废液是二次银资源的重要来源，特别是废定影液中银的回收。回收方法很多，常

用的有还原法和电解法回收，金属置换、离子交换、气浮、硫化沉淀及电解法等在国内外也均有应用。近年吸附法发展很快，一些传统方法将可能被取代[5,80]。

3．从金矿选矿尾矿中回收金

我国已排放金尾矿共 59.7 亿 t，并年增 3 亿 t 以上[79]，20 世纪 70～80 年代尾矿含金大多约 1g/t（甚至达 2～3 g/t），高品位难选冶矿尾矿有的高达 3～5g/t 以上[77,78]。2005 年从尾矿及“废石”中提金近 10t[93]。“尾矿的处置、管理及资源化示范工程”已列入《中国 21 世纪议程》优先领域[77]。我国与国外尾矿综合利用的水平相比差距较大。

4．从汽车尾气净化催化剂中回收铂族金属

从汽车废尾气净化催化剂回收铂族金属的技术很多[103—106,94]。对数量最多的堇青石型载体蜂窝状废催化剂的处理，可分为湿法浸溶和火法捕集两大类。

1）氧化酸浸法。工艺为：破碎磨细—盐酸加氧化剂浸出—贱金属置换—富集物溶解后分离提纯铂钯铑。“从失效汽车尾气净化催化剂中回收铂族金属”科研成果解决了浸出剂筛选及工艺优化问题，Pt、Pd 浸出率≥96%，Rh 浸出率≥90%[107]。

2）加压氰化法。铂族金属回收率高、物料适应性强、排污少，设备、投资小，能耗低。加压氰化浸出前经过加压碱浸预处理，可消除废催化剂表面积碳、油污等，预处理渣经湿磨使铂族金属氰化浸出率分别提高到 Pt96%、Pd98%、Rh92%[108]。

3）金属捕集法类似于等离子体熔炼铁捕集法，但温度较低，物料适用范围广。回收物还可直接送铜、镍冶炼厂处理，但铑回收率低（65%～70%）。目前常用铜、镍、铅、锍作捕集剂。“矿相重构从汽车催化剂中提取铂钯铑的方法”[109,110]将失效汽车尾气催化剂与还原剂、添加剂及捕集剂混合，用电炉或电弧炉、约 1400℃熔炼，获得捕集全部铂族金属的金属相，弃渣含铂族金属<1g/t；选择性浸出金属相中的贱金属后，得到贵金属富集物，再精炼产出铂钯铑产品。

目前大型回收厂一般选用火法，以电弧炉、潜弧电炉、等离子体炉等熔炼[103]。

5．从石油、化学工业用催化剂中回收铂族金属

全球石油和化工工业每年产生废催化剂约 50 万～70 万 t，含有大量的 Pt、Pd 和 Rh 等[112]。催化剂大体上可分为均相催化和多相催化用两大类，后者占 80%～90%。回收技术的主要进展[5,94,95,111—115]如下。

以活性炭为载体的铂废催化剂主要采用焚烧载体富集贵金属（亦有用特殊溶剂脱碳和脱硫预处理[114]），再湿法精炼的工艺。Al_2O_3 负载型催化剂用湿法和干法：湿法分为溶解载体法（酸溶和碱溶）、选择性浸出活性组分法（酸浸出和氰化物浸出）和催化剂全溶法（酸溶）；干法主要包括加热挥发法和熔融置换法。干法工艺短，设备要求高，投资大；湿法成本较低，技术可行，是国内普遍采用的方法[113]。

钯催化剂的载体多为活性炭、Al_2O_3、分子筛及沸石、陶瓷、硅胶等。废钯/炭催化剂，普遍用焚烧法—残渣（水合肼、甲酸）还原—盐酸溶解杂质—加氧化剂（王水，过氧化氢等）溶解钯，再提纯。还可用烧碱浸出、加压酸浸、氯化（氟化）挥发法等。对 Al_2O_3 负载催化剂回收，应用最多是焙烧—浸出法和升华法[115]。

我国每年有约 1000t 含贵金属的活性炭催化剂和数百吨含有贵金属的擦拭纸、抹布

等。2009 年,贺利氏(Heraeus)投资 1000 万欧元在江苏太仓建立焚烧热处理基地[126]。

化学工业中以铑为主的多为均相催化剂,越来越多的企业采用液-液萃取。如丙烯生产正丁醛工艺中用的一氯三苯膦铑,以王水溶解、离子交换回收铑,回收率>97%[112]。用萃取法从酯酸甲酯羰基化制备醋酸酐体系中回收铑催化剂,铑回收率可达 98%[116]。

固体含银废料中回收银分火法和湿法两类。火法能耗大、产生污染、回收率不高。国内目前小型企业多用湿法,即先浸出后提取。

(三)贵金属精炼技术的新进展

1. 金精炼

金精炼的经典方法是电解和火法氯化法,有些也用化学法。目前,我国主要采用电解(占 80%以上)、湿式氯化和溶剂萃取法精炼(约 5%)[81]。新(改)建企业采用溶剂萃取法的已逐步增多。近几年主要的技术进展如下。

(1)电解精炼

此法主要改进是采用非对称交流电源、利用高电流密度,缩短精炼周期,改进电解液净化方法,减少产品积压[1,81]。

(2)氯化精炼[1]

因金纯度要求(99.99%)提高,此法已较少使用。由 Denver 矿山工程公司提供的工艺,虽投资和生产成本低,处理快,损耗<0.1%,但不能分离铂等元素。

(3)化学精炼

此法中小企业常用。周期短、原料适应性强、批量灵活,但工序较多、需环保治理。有两种技术路线:①无机酸溶解杂质,操作环境恶劣、纯度很难稳定达到 99.95%,较少采用;②溶解金—选择性沉淀较常用,并可分为“饱和还原法”或“饥饿还原法”[1,82]。山东招金公司开发的 SBRF—E 金银精炼新工艺,采用 PLC(可编程逻辑控制器)全自动控制[84,85],劳动强度低,回收率高(金、银分别为 99.96%和 99.99%),产品纯度高、质量稳定,生产周期短、成本低,无工艺废渣,废水达标排放,生产环境优良。溶剂萃取国内外研究都很多,国外已推广应用,国内也有少数企业采用,如辰州矿业公司[81]。广东高要河台金矿常温常压萃取法获纯海绵金(Au>99.995%),中国黄金协会鉴定为国内首创[86,87]。还有一些方法,如碘精炼工艺也可快速获得 99.99%纯金。

2. 银精炼

银精炼主要工艺仍是电解精炼,产品质量的关键在于电解液杂质的控制[88]。国内进行了高电流密度下电解的研究[117]。熔铸阳极板前,一般需富集除杂。富集熔炼得的贵铅,常用火法精炼提纯,国内规模企业大多用分银炉精炼[89]。湿法精炼工艺一般为:硝酸溶解—沉淀氯化银—净化除杂—还原为纯银[90]。

3. 铂族金属精炼

铂族金属精炼分以下三步进行。

(1)贵贱金属进一步分离

目前多采用硫酸介质中加压氧化浸出,氯化物介质中控制电位选择性氯化,富集铂族金属并与主流程分离、单独处理[1]。

(2)铂族金属的相互分离和提纯

传统的沉淀、溶解已逐步被溶剂萃取分离所取代。世界上几家大型的代表性工厂都已经使用溶剂萃取技术,其中三大精炼厂的全萃取流程各有其特点[2,3,10]:①所采用的萃取剂不同 Inco 采用 Betex 萃取 Au、DOS 萃取 Pd、TBP 萃取 Pt,而 MRR 采用 MIBK 萃取 Au、Lix64 萃取 Pd、三正辛胺萃取 Pt;Lonrho 则采用 SO_2 还原沉淀金,氨基酸共萃 Pt、Pd,然后分别反萃 Pt、Pd;②贵金属分离秩序不完全相同,Inco 先蒸馏 Os、Ru,而 MRR 和 Lonrho 先萃取分离 Pd 或 Pt、Pd。但都是先选择性除去 $AuCl_4^-$;在萃取分离过程中都充分利用了铂族金属的价态变化,为了防止 Ir 共萃,都在萃 Pt 前先将 Ir^{4+} 还原为 Ir^{3+},最后分离 Rh、Ir。我国金川有色金属公司也已采用萃取工艺流程进行贵金属生产。

国际上的新发展有:①分子识别技术(MRT)[119],选择性高、生产周期短、成本低、操作简单、分子识别材料可反复使用,已开始在铂族金属分离提纯中应用。如英帕拉铂公司新精炼厂,亚洲一家铂族金属精炼厂,日本田中贵金属公司(TKK)。②气相处理回收法[120],其中和 Mg、Ca 等活性金属蒸汽反应后,使 Pt、Rh 王水溶解效率飞跃提高的技术已实用化。

(3)铂族金属提纯

单个铂族金属提纯工艺技术近年变化不大。铂、钯仍以典型工艺为主,采用萃取分离的则用萃取、离子交换直接获得纯产品;锇、钌主要用蒸馏法纯制;铑、铱因用传统工艺精制困难,已越来越多地采用萃取法。国内在萃取分离、精炼方面也已开展大量的新研究,有些已有较大进展。

三、贵金属冶金工程技术学科国内外进展比较

随着国民经济发展对贵金属需求的迅速增加,我国贵金属产业也随之获得快速发展,特别是在技术上,通过引进、消化国外先进技术及加强自主研究和创新,我国贵金属冶炼技术提高很快,目前整体技术已基本上达到国际先进水平。

1. 选矿技术国内外比较

通过多年的自主研究和对引进国外先进技术装备的消化创新,取得:STL 型水套式离心选矿机[20,21]、旋流静态微泡浮选柱(专利号:CN97107091.1)、闪速浮选、一些新浮选药剂和抑制剂,以及一些先进的工艺和自动控制技术等研发成果和工业应用,使我国主要大中型企业的选厂技术达到国际先进水平。但大多数中小矿山水平仍然较低。

2. 金银冶金技术国内外比较

通过引进消化创新和自主研究开发,掌握了先进的炭浆法(CIP)和炭浸法(CIL),并将富氧、过氧化物助浸技术,氨碱预浸技术,边磨边浸技术,液膜萃取技术,一步电积法及尾矿压滤—滤饼干堆—回水等工艺应用于国内工业生产。堆浸已在国内推广,福建紫金山金矿成为目前效益最好的黄金矿山之一。在含氰废液的处理上取得进展,正规矿山多数已能做到回收氰化物、废水达标排放。

非氰化提金虽在多方面取得进展，但有待于进一步解决工业生产的技术、装备问题。

难选冶金矿利用，国内已进入工程化开发与应用阶段。较多企业采用一段(约占4/5)及二段沸腾焙烧。辽宁天利企业有限公司生物氧化提金厂工艺达到国际先进水平，并在菌种氧化活性、温度适应范围方面处于领先地位。

总的来讲，我国掌握了世界上所有黄金矿石(金精矿)的选冶技术，并已国产化、工程化，但还没有系列化、标准化。但由于大多数金、银冶炼企业生产规模偏小，不少金矿山又自成体系进行精炼，缺乏合理的行业分工、统筹[11,121,122]。目前，虽有少数企业技术水平较高、个别达到国际先进水平；但大多数中、小型企业经济实力、技术力量有限，技术水平较低。与先进国家和国外大型企业相比，总体差距仍然较大，原创性技术更是凤毛麟角。

3. 铂族金属冶金技术比较

国际上铂族金属精炼企业主要由英国、美国、俄罗斯及德国、日本的少数跨国公司控制，冶炼技术的研究和发展也主要由其垄断。我国铂族矿产资源匮乏，主要依靠金川资源的综合利用。通过30多年的科技攻关，我国资源综合利用的整体技术已达国际先进水平。20世纪末以来，对云南金宝山低品位钯铂资源进行的研究工作已取得显著成效，但尚待生产实践的进一步验证。

4. 贵金属二次资源回收技术国内外比较

我国中型以上企业贵金属二次资源回收在技术上已经达到国际先进水平，但多数小型企业和大量个体户的技术装备水平仍较落后。由于我国贵金属企业集中度较差，至今尚未形成可与国外竞争的大型企业，因而面临着国外大企业竞争的严重威胁。

四、贵金属冶金工程技术学科发展趋势及展望

我国贵金属冶金工程技术学科虽然在技术上已经取得重大进步，但是由于国内矿产资源不足(特别是铂族金属资源匮乏)和环境保护更加严格的要求，在未来的可持续发展中将面临更加严峻的挑战。为此，我国贵金属冶金工程技术学科应进一步明确发展方向，制定切实可行的可持续发展的目标和规划。

1. 我国贵金属冶金技术的发展目标

我国贵金属冶金技术的发展目标是进一步提高直收率、实收率；改进设备、工艺，提高劳动生产率，降低生产成本；减少污染和对生态环境的影响；积极促进现有条件较好的贵金属冶金企业进一步做强做大。同时，在世界先进技术的基础上，切实推进国内二次资源综合利用技术的研究开发工作，合理分工、加快产业化进度，争取尽快建成一批技术先进、有一定规模的二次资源回收企业。使贵金属冶金工业在更高的水平上满足国内市场的需求和提高国际市场上的竞争能力。

2. 学科发展趋势及展望

1)进一步开展难处理含砷、碳质、微细浸染型金矿石，复杂金、银矿预处理新工艺、新设备研发工作。结合矿山特点、努力推广，全面提高难处理矿的利用水平。目前应着重推动低品位矿石、高品位尾矿及废弃矿区无污染的大规模堆浸技术工业推广。

2)氰化法大量使用剧毒的氰化物对环境造成的危害已引起社会关注，应重视开发经济实用的非氰提金技术。针对矿产资源综合回收利用、生态环境保护等技术难题，开展一些开拓性研究。对伴生金、银综合回收，着重在浮选药剂、工艺优化方面进行研究以提高伴生金、银的回收率。

3)加强各种二次资源回收技术的研究、开发，重点提高回收率、减少污染和降低成本。

4)针对我国资源特点，加强对贵金属新资源的开发利用研究。铂族金属资源可先以云南金宝山钯铂矿为重点、加快合理开发步伐。

参考文献

[1] 王永录，张永俐，宁远涛. 贵金属[A]//张国成. 有色金属进展(1996—2005)：第五卷：稀有金属和贵金属[M]. 长沙：中南大学出版社，2007：571－649.

[2] 刘时杰. 铂族金属矿冶学[M]. 北京：冶金工业出版社，2001.

[3] 黎鼎鑫，王永录. 贵金属提取与精炼(修订版)[M]. 长沙：中南大学出版社，2003.

[4] 卢宜源，宾万达. 贵金属冶金学[M]. 长沙，中南大学出版社，2004.

[5] 王永录，刘正华. 金、银及铂族金属再生回收[M]. 长沙：中南大学出版社，2005.

[6] 杨天足，等. 贵金属冶金及产品深加工[M]. 长沙，中南大学出版社，2005.

[7] 余建民. 贵金属萃取化学[M]. 北京：化学工业出版社，2005.

[8] 余建民. 贵金属分离与精炼工艺学[M]. 北京：化学工业出版社，2006.

[9] 陈景. 铂族金属冶金化学[M]. 北京：科学出版社，2008.

[10]《贵金属生产技术实用手册》编委会编. 贵金属生产技术实用手册[M]. 北京：冶金工业出版社，2011.

[11] 姚香. 国内外黄金工业现状与发展对策探讨[J]. 金属矿山，2010，8(增刊)：74－80.

[12] 高金昌. 生物冶金技术在黄金工业生产中的应用现状及发展趋势[J]. 黄金，2008，29(10)：36－40.

[13] 印万忠. 我国黄金选矿技术的最新进展[J]. 有色矿冶，2006，22(增刊)：170－174.

[14] 刘广龙. 黄金资源矿物加工技术进展[J]. 金川科技，2010，(1)：44－48.

[15] A. B. 巴布科，等. 奥姆苏克昌黄金选矿厂杜卡特矿床金银矿石选矿工艺的完善[J]. 国外金属矿选矿，2008，(4)：30－32，29.

[16] 高玉艳，张京彬，赵辉明，等. 湿式半自磨工艺在黄金选矿生产中的应用实践[J]. 黄金，2008，29(10)：44－46.

[17] 王吉青，孟凡丽，王苹，等. 重选在黄金选矿生产中的研究与应用[J]. 黄金科学技术，2008，16(6)，44－47.

[18] 杨春功，梁春茂. 一种球磨机返料装置：中国，CN201493139U[P]. 2010－06－02.

[19] 马尔斯顿. 世界黄金加工技术概况[J]. 国外金属矿选矿，2007，(1)，4－8.

[20] 李家毓，周兴龙，雷力. 黄金选冶技术的发展[J]. 现代矿业，2009，(5)，28－32.

[21] 裴洪章. 自动离心式水床选矿机：中国，CN2894849Y[P]. 2007－05－02.

[22] 王彩霞，姜建军，杜培杰，等. 高效浮选柱在黄金选矿中的应用[J]. 中国矿山工程，2009，38(6)：25－28.

[23] 杨琳琳，程坤，文书明. 浮选柱的研究现状及其进展[J]. 矿业快报，2008，24(1)：4－7.

[24] 刘杰，刘炯天，曹亦俊，等. 某金矿石柱式浮选工艺研究[J]. 金属矿山，2008，(4)：53－55.

[25] 李振，刘炯天，王永田，等. 浮选技术的发展现状及展望[J]. 金属矿山，2008，(1)：1－6.

[26] 张高民. 提高苗龙金矿石浮选回收率的试验研究及生产实践[J]. 黄金,2009,30(2):40－42.
[27] 黄光洪,彭镜泊,马士强,等.一种闪速浮选机：中国,CN201239664Y[P].2009－05－20.
[28] 康建雄,周跃,吕中海,等. 含砷金矿浮选研究现状与展望[J]. 四川有色金属,2008,(3):2－5.
[29] 孙云东,杨金艳.国内选矿自动化技术应用及进展[J].黄金,2010,31(4):35－38.
[30] 刘亚雄. 过氧化钙的工业化制备及在浸金中的应用[J]. 无机盐工业,2010,42(1):41－43.
[31] 陈红轶,姚国成. 难浸金矿预处理技术的现状及发展方向[J].金属矿山,2009,(9):81－83,194.
[32] 李学强,徐忠敏,冯金敏,等.加压氰化提取金银的试验研究[J].2009,17(5):49－52.
[33] 周 丽,李明玉. 用三烷基氧化膦从氰化浸出液中萃取低浓度金[J]. 黄金,2010,31(1):37－40.
[34] 张树科,任华杰. 氰化金泥湿法冶炼工艺综述[J]. 现代矿业,2009,(8):8－10.
[35] 邹晓男. 金矿含氰废水处理技术[J]. 广东微量元素科学,2008,15(l1):12－15.
[36] 方荣茂. 黄金矿山含氰废水处理技术评述[J]. 广州化工,2010,38(1):174－177.
[37] 熊如意,乐美承. 氰法提金工艺含氰废水处理[J]. 湖南有色金属, 2010, 26(2):37－39.
[38] 朱萍,李坤芳,周鸣,等. 超声强化原位电氯化法浸取难处理金矿[J]. 稀有金属材料与工程,2009,38(6):1091－1095.
[39] 石嵩高,李世祯. ZLT 氯化法浸出金、银新工艺[J]. 黄金,2010,31(2):37－40.
[40] 陈江安,周源. 石硫合剂浸金体系的探讨[J]. 现代矿业,2009,(1):41－42,52.
[41] 周军,兰新哲,宋永辉. 改性石硫合剂(ML)浸金试剂稳定性研究[J]. 稀有金属,2008,32(4):531－535.
[42] 宋鑫. 中国难处理金矿资源及其开发利用技术[J].黄金,2009,30(7):46－49.
[43] 康增奎. 我国难处理金矿资源开发的现状与问题研究[J]. 资源与产业,2009,11(6):59－63.
[44] 崔永霞,沈艳. 难处理金矿石提炼技术研究进展[J]. 黄金科学技术,2007,15(3):53－57.
[45] 周源,田树国,刘亮. 高砷金矿脱砷预处理技术进展[J]. 金属矿山,2009:98－101.
[46] 朱长亮,杨洪英,王大文,等. 含砷含碳双重难处理金矿石预处理方法研究现状[J].中国矿业,2009,18(4):66－69.
[47] 李云,袁朝新,王云,等. 沸腾焙烧高砷含铜金精矿的试验研究[J].矿冶,2008,17(3):33－36.
[48] 朱长亮,杨洪英,王玉峰.含砷难处理金矿石的细菌氧化预处理工艺研究现状及进展[J].现代矿业,2009,(6):14－17,107.
[49] 黄海辉. 难处理金矿细菌氧化的工业应用及发展方向[J]. 矿冶,2008,l7(2),63－67:83.
[50] 夏青,陈发上,邱廷省. 微生物预处理金矿技术述评[J]. 江西理工大学学报,2010,31(1):9－12.
[51] 李学强,翁占斌,路良山,等. 含砷难处理金银精矿催化氧化酸浸湿法的研究及应用[J].现代矿业,2009,(1):36－40.
[52] 栾文敬,王克乾.招金集团科技创新成绩斐然[J]. 黄金,2005,26(1):60.
[53] 罗晓华 黄万抚. 伴生金银回收研究与进展[J]. 矿业快报,2004,(1):5－7.
[54] 戴自希.世界白银资源和开发利用现状[J].世界有色金属,2004,(7):29－34,28.
[55] 朱学忠,孙立军. 浅议我国几种主要伴生金矿床特征及其找矿[J]. 地质与资源,2008,17(2):109－114,126.
[56] 徐克贤,袁玲,杜淑芬,等. 尾矿库外排含氰废水处理试验研究[J]. 黄金,2009,30(10):52－54.
[57] 李晶莹,黄璐.石硫合剂法浸取废弃线路板中金的试验研究[J]. 黄金, 2009,30 (10):48－51.
[58] 陈松,管伟明,张昆华,等.核废料中裂变产生的铂族金属(FPs)的开发、应用和发展[J]. 稀有金属材料与工程,2007,36(2):372－376.
[59] 吴锁平,周仁照,卢树东. 中国黄金业的进展及其展望[J]. 资源与产业,2009,11(3):49－54.
[60] 卢学纯,刘瑜.铂钯精矿冶炼综合回收新工艺研究之我见[J].有色金属设计,2004,31(4):1－6,40.
[61] 伍先国. 某银矿原生矿选矿工艺研究[J]. 企业科技与发展,2010,(4):27－29.

[62] 常宝乾,张世银,李天恩. 复杂难选铜铅锌银多金属硫化矿选矿工艺研究[J]. 有色金属(选矿部分),2010,(1):15-19.

[63] 梁君飞,柳松,谢西京. 铜阳极泥处理工艺的研究进展[J]. 黄金,2008,29(12):32-37.

[64] 柳青,王吉坤. 国内主要厂家阳极泥处理工艺流程改进状况[J]. 南方金属,2008(4):25-27.

[65] 陈志刚. 采用 Kaldo 炉从阳极泥中提取稀贵金属[J]. 中国有色冶金,2008,(6):43-45,62.

[66] 王吉坤,冯桂林. 铜阳极泥预处理连续加压酸浸工艺开发研究[J]. 中国工程科学,2009,11(5):18-22.

[67] 王春光,胡亮,陈加希. 铅阳极泥综合回收技术[J]. 云南冶金,2008,37(6):78-80,64.

[68] 王安庄,李敏. 在铅阳极泥中回收金银新工艺[J]. 中国贵金属,2009(4):68-72.

[69] 翟居付,李利丽. 从铅阳极泥处理后的渣料中综合回收有价金属的生产实践[J]. 中国有色冶金,2006,(5):54-57.

[70] 李晶莹,徐秀丽. 电子废弃物中生物冶金技术的研究进展[J]. 黄金科学技术, 2010,18(6):58-62.

[71] 李晓静,梁莎,郭学益. 生物吸附法从电子废弃物中回收贵金属的研究进展[J]. 贵金属,2010,31(3):64-69.

[72] 周全法. 电子废弃物中稀贵金属的全组分高值化清洁利用关键技术和工程示范[A]. 长沙:2009 中国贵金属再生国际论坛[C]. 2009:1-6.

[73] 王永录. 贵金属二次资源的回收与利用[A]//侯树谦. 岁月流金:再创辉煌—昆明贵金属研究所成立七十周年论文集[C]. 昆明:云南科技出版社,2008. 10-19.

[74] 周全法,尚通明. 贵金属二次资源的回收利用现状和无害化处置设想[J]. 稀有金属材料与工程,2005,34(1):7-11.

[75] 黄怀国. 二次资源的黄金回收[J]. 黄金,2007,28(8):52-55.

[76] 董伸珍,吴彩斌,卜晶晶. 废弃线路板有价金属回收的物理处理工艺[J]. 再生资源与循环经济,2008,1(11):30-32.

[77] 袁玲,孟扬,左玉明. 黄金矿山尾矿资源回收和综合利用[J]. 黄金,2010,31(2):52-56.

[78] 王学娟,刘全军,王奉刚. 金矿尾矿资源化的现状和进展[J]. 矿冶, 2007,16(2):64-67.

[79] 王宏伟,左玉明,柴新新. 尾矿资源回收与利用[J]. 黄金,2006,27(4):48-51.

[80] 范望喜,李文元. 含银废料来源及银的回收方法[J]. 资源再生,2007,(12):32-34.

[81] 刘勇,阳振球,杨天足. 金电解与溶剂萃取精炼工艺比较分析[J]. 黄金,2007,28(6):42-45.

[82] 蒋志建. 金的还原提纯法有望取代电解提纯法[J]. 有色金属与稀土应用,2008,(2):17-22.

[83] 吴再民,幺金成. 氰化法提金及高纯度金的提纯[J]. 黄金科学技术,2009,l7(3):60-63.

[84] 秦洪训,徐学强,滕宝强,等. SBRF-E 金银精炼新工艺的研究与生产实践[J]. 黄金,2004,25(9):34-37.

[85] 宋裕华,陈卫平,张基娟. PLC 在黄金精炼生产线中的应用[J]. 黄金,2008,29(9):29-31.

[86] 陈聪. 萃取法精炼黄金技术在矿山生产中的应用[J]. 黄金科学技术,2004,12(3):1-3.

[87] 刘振升. 萃取法精炼黄金的研究和工业实践[J]. 黄金,2004,25(1):35-39.

[88] 唐战英,易克俊:银电解废液的清洁处理方法:中国,CN101445952A[P]. 2009-06-03.

[89] 黄天增. 灰吹炉在国内外贵铅精炼的应用[J]. 工业炉,2009,31(5):15-17.

[90] 李伟,秦庆伟. 化学精炼提 Ag 在大冶有色公司的实践[J]. 矿产保护与利用,2008,(3):33-35.

[91] 刘婕. 珠宝产业回收提倡环保[A]. 长沙:2009 中国贵金属再生国际论坛,2009:35-44.

[92] 孙兆学. 从国际矿业发展趋势谈中国矿业发展对策[J]. 黄金,2008,29(1):1-9.

[93] 雷力,周兴龙,李家毓,等. 我国矿山尾矿资源综合利用现状与思考[J]. 矿业快报,2008,24(9):5-8.

[94] 汪云华,吴晓峰. 铂族金属二次资源回收技术现状及发展动态[A]. 长沙:2009 中国贵金属再生国际论坛,2009:28-34.

[95] 余建民.我国钯、铂回收现状与对策分析[J].资源再生,2008,(5):27－28.

[96] 刘辉杰.含贵金属废料的热处理及回收[A].长沙:2009 中国贵金属再生国际论坛.2009:18－27.

[97] 刘存华.新药剂在金川镍矿的应用研究[J].中国矿山工程, 2006,35(6):11－14.

[98] 马子龙,刘炯天,曹亦俊,等.旋流静态微泡浮选柱用于金川镍矿的可行性研究[J].有色金属(选矿部分), 2009,(2):32－35,22.

[99] 万爱东,李德录,王万涛.金川镍闪速炉系统扩能生产实践[J].中国有色冶金,2010,39(2):23－25,33.

[100] 胡真,徐晓萍,李汉文,等. 西南某低品位铂钯矿选矿工艺研究[J].有色金属,2000,52(4):224－228.

[101] 陈景,黄昆,陈奕然.铂族金属硫化矿或其浮选精矿提取铂族金属及铜镍钴:中国, CN 1417356A [P].2003－05－14.

[102] 陈景,黄昆,陈奕然,等.加压氰化全湿法处理低品位铂钯浮选精矿工艺研究[J].稀有金属,2006,30(3):369－374.

[103] 兰兴华.汽车催化剂的回收[J].资源再生,2007,(9):51－53.

[104] 姜东,廖秋玲,龚卫星.我国失效汽车尾气净化器回收现状及发展前景[J].中国资源综合利用,2009,27(9):7－9.

[105] 韩守礼,吴喜龙,王欢,等.从汽车尾气废催化剂中回收铂族金属研究进展[J].矿冶,2010,19(2):80－83.

[106] 王永录.废汽车催化剂中铂族金属的回收利用[J].贵金属,2010,31(4):55－63.

[107] 张邦安,曲志平."从失效汽车尾气净化催化剂中回收铂族金属"项目通过验收[J].中国资源综合利用,2005,(3).

[108] 黄昆,陈景,陈奕然,等.加压碱浸处理氰化浸出法回收汽车废催化剂中的贵金属[J].中国有色金属学报,2006,16(2):363－369.

[109] 吴晓峰,汪云华,童伟锋.湿—火联合法从汽车尾气失效催化剂中提取铂族金属新工艺研究[J].贵金属,2010,31(4):24－28,31.

[110] 汪云华,吴晓峰,童伟锋,等.矿相重构从汽车催化剂中提取铂钯铑的方法:中国,CN 101509077A [P].2009－08－19.

[111] 于泳,彭胜,严加才,等.铂族金属催化剂的回收技术进展[J].河北化工,2011,34(2):50－55.

[112] 薛小梅,刘利.废催化剂中贵重金属回收的研究进展[J].辽宁化工,2009,38(11):802－804.

[113] 杜欣,张晓文,周耀辉,等.从废催化剂中回收铂族金属的湿法工艺研究[J].中国矿业,2009,18(4):82－85,88.

[114] 赵桂良,高超,史建公,等.含铂废催化剂综合利用技术进展[J].中外能源,2010,15(3):65－71.

[115] 文海,黄登强.钯催化剂的回收技术[J].广西轻工业,2008,24(11):20－21.

[116] 李继霞,白文玉,姜旭,等.羰基合成用废铑催化剂的再生与铑的回收[J].贵金属,2008,29(1):53－55.

[117] 胡丕兴.高电流密度下银电解的研究及工业试验[J].江西理工大学学报,2008,29(3):62－64.

[118] 李宏煦,苍大强,白皓,等.城市电子废物的资源循环及回收方法探究[J].再生资源与循环经济,2009,2(4):28－34.

[119] 贺小塘,韩守礼,吴喜龙,等.分子识别技术在铂族金属分离提纯中的应用[J].贵金属,2010,31(1):53－56,69.

[120] 郭廷杰.铂族金属的气相处理回收法[J].资源再生,2007,(6):30－32.

[121] 孙幼平.2009 年我国贵金属行业运行情况分析//"2009 年中国国际贵金属年会"论文集.昆明:2009:1－17.

[122] 张永涛.中国黄金工业发展面临新的机遇与挑战//"2009 年中国国际贵金属年会"论文集.昆明:

2009:18－24.

[123] 陈景，黄昆，陈奕然. 金宝山铂钯浮选精矿几种处理工艺的讨论[J]. 稀有金属，2006，30(3)：401－406.

[124] 贺日应. 含泥金矿石选矿工艺试验与生产实践[J]. 中国矿山工程，2007，36(1)：23－26.

[125] 华炎生. 紫金山金矿低品位矿石选矿工艺优化研究[J]. 黄金，2007，28(3)：41－44.

[126] 张华. 庄信万丰全球贵金属回收精炼[A]. 长沙：2009 中国贵金属再生国际论坛. 2009：45－51.

撰稿人：王永录

ABSTRACTS IN ENGLISH

Comprehensive Report

Advances in Nonferrous Metallurgical Engineering and Technology

1. Foreword

Non - ferrous metal is a general term including 64 metal elements. It is usually divided into four categories, that is, light metal, heavy nonferrous metal, rare metal and precious metal. Thus the nonferrous metallurgical engineering and technology discipline is composed of correspondent disciplines of these four metal categories.

Since this century the nonferrous metal industry of China has been growing rapidly. In the year 2010, the production of ten kinds of commonly used non -ferrous metals in China reached 31.35 million tons, ranking first in the world for 9 consecutive years. In the mean time the non - ferrous metal metallurgical engineering and technology discipline in China has made a significant progress in various fields including basic theory and production technology of metallurgical process, materials science and application technology, metallurgical equipment and automation, metallurgical environmental protection and management, as well as advanced concepts of modern engineering design. A variety of new techniques, technologies, equipments and materials reaching world advanced level or at world leading level possessed of China - owned intellectual property rights have been researched and developed. Various main technical and economic indexes of metallurgical production have approached to or reached and even exceeded world advanced level.

The development of nonferrous metal industry in China was also constrained by three major bottlenecks, i. e. , resources, energy and environmental. To overcome these key problems by improved technology and to enhance the international competitiveness are the main task of non - ferrous metallurgical engineering and technology discipline in China now and in the future.

2. Recent achievements of nonferrous metallurgical engineering and technology discipline in China

2.1 Recent advancement of metallurgical engineering and technology discipline of light metal

2.1.1 Alumina metallurgy

In the year 2010, the alumina production of China reached 28. 955 million tons, ranking first in the world for 5 consecutive years.

In accordance with raw material of diasporic bauxite a set of alumina production process and system has been developed in China, and every kinds of technical indexes of alumina production have approached to or reached advanced levels of alumina production by using raw materials of gibbsite bauxite abroad.

2.1.2 Aluminum electrometallurgy

The primary aluminum production of China in the year 2010 reached 16. 19 million tons, accounting for 40. 1% of world production, ranking first in the world for 10 consecutive years. Since this century, the research on electric, magnetic and force fields of electrolytic cell in China has made a further progress, the pre - baked cell technology for scale enlargement has continuously up - graded, series design and manufacturing techniques for the large - scale prebaked anode cell with Chinese brand have been developed, and 500kA pre - baked anode cell is now under research and development. At the same time, the further advancement of matched large - scale cathode, anode and carbon technologies, auxiliary equipments, automation control and environmental protection technologies have been made correspondingly.

Since latest two years, the aluminum electrometallurgical technology and its theoretical research in China has made an innovatory progress leading in the world.

2.1.3 Magnesium metallurgy

Due to the successful application of the low - cost thermal reduction process - Pidgeon process, magnesium production of China in the year 2010 reached 654 thousand tons, ranking first in the world for 11 consecutive years.

The rapid developments of magnesium metallurgy of China in recent years are as follows: firstly, the effective improvement of the Pidgeon production technology; secondly, widened applications of magnesium and its alloys; thirdly, the innovation of the magnesium electrolytic technology. A more efficient and environmental friendly new magnesium smelting technology is now under research.

2.2 Recent advancement of metallurgical engineering and technology discipline of heavy nonferrous metal

2.2.1 Copper metallurgy

For many years, the copper production technology has been improved rapidly based on independent research and development in addition to the introduction and continuous digestion and innovation of foreign advanced technologies and equipments. Nowadays, most copper metallurgical technologies in the world are applied in China. Since recent years, new copper smelting technologies with China - owned intellectual property rights have been incessantly emerging, mainly in fields of bath smelting and flash smelting. Copper heap leaching hydrometallurgy in China has made a big advancement in recent years. Copper heap leaching smelter with annual production of ten thousand tons has been set up, of which the technology has been close to the world advanced level.

2.2.2 Lead metallurgy

In the year 2010, the lead production of China reached 4.199 million tons, ranking first in the world for 9 consecutive years. Since this century, due to the successful development of the new technology of oxygen bottom blown smelting - blast furnace reducing process with independent intellectual property rights and wide spread of its application in addition to the introduction of advanced oxygen top blown smelting - blast furnace reducing technology, the lead smelting technology in China has been significantly improved. In recent years, two similar and more advanced new continuous smelting technologies, the oxygen bottom blown smelting - high lead containing liquid slag bottom blown reducing process and the oxygen bottom blown smelting - high lead containing liquid slag side blown reducing process have been developed, sequentially.

Scale enlargement, mechanization and automation of equipments used for lead electrolytic refining process have made a big progress.

2.2.3 Zinc metallurgy

Since this century, a group of world advanced technologies with good adaptability of raw materials, energy saving and less emission effects have been developed and applied, such as, oxygen pressure leaching of high iron containing zinc concentrate; direct leaching of low - grade zinc oxide ore; combined leaching of zinc sulfide concentrate and zinc oxide ore, etc.

2.2.4 Nickel and cobalt metallurgy

Ausmelt furnace In Jinchuan Company is possessed of treatment capacity of one million ton per year copper - nickel sulphide concentrate, the largest in the world. Various technical and economic indexes have already reached advanced levels in the world. The laterite ore smelting technology has been studied and obtained many good results.

China is lack of cobalt resources. Recently, following with the overall improvement of non - ferrous metal smelting technology in China, the cobalt smelting technology has also been advancing, unceasingly.

2.2.5 Tin, antimony and bismuth metallurgy

Tin, antimony and bismuth are special metal products in China with leading smelting technologies in the world.

In this century, Yunnan Tin Company introduced Ausmelt furnace process for tin smelting and reformed its original three - stage smelting into two - stage smelting. In addition a complete set of Chinese style tin refining technology has been developed.

Of antimony smelting the unique technology of China has been applied constantly. In accordance with single antimony ore in Tin Mine, the following flow sheet has been developed by China itsself: antimony sulfide concentrate directly feeding into blast furnace, volatile antimony oxide produced by volatile smelting, antimony crude metal obtained through reduction in reverberatory furnace and finally, further antimony refining.

Recently, the bismuth hydrometallurgy process with slurry electrolysis process as its core and low - temperature bismuth concentrate alkaline smelting process have been developed, resolving the environmental protection problems caused by traditional smelting process.

2. 3 Recent advancement of metallurgical engineering and technology discipline of rare metal

2. 3. 1 Tungsten metallurgy

In recent years, the following new technologies have been developed: atmospheric decomposition of scheelite and mixture of scheelite and wolframite; high concentration ion exchange technology; by means of "pseudo ternary phase diagram method" removal of phosphorus, arsenic, silicon and other impurities by additions of inhibitors in the evaporated crystallization process; by using technical route of in - situ generating ligand adsorption high efficiency removal of tin from leaching solution of high tin containing ore; industrial manufacturing technology of ultrafine grained cemented carbide - "purple tungsten in - situ reduction method ".

2. 3. 2 Molybdenum metallurgy

The technology and equipment of the advanced multiple - hearth furnace roasting process of molybdenum concentrate have been successfully developed and various kinds of ultra - coarse, coarse, medium and fine - grained molybdenum powders and other specifications have been provided to meet the requirements of electronic products.

2.3.3 Tantalum and niobium metallurgy

Many new technologies and equipments used for tantalum and niobium hydrometallurgy and pyrometallurgy have been developed. The production efficiency, the total decomposition yield of refractory low - grade ore and the decomposition efficiencies of tantalum and niobium raw materials have been improved. In addition to the significantly increased separation efficiency of impurities from tantalum and niobium, many valuable metals, such as titanium, zirconium, tungsten, etc. can be recovered from low - grade ore.

2.3.4 Metallurgy of rare earths

In accordance with the characteristics of rare earth resources in China, appropriate technologies of mining, mineral processing and smelting have been developed and a complete rare earth industrial system has been established. China has become the largest rare earth producer in the world.

In recent years, attention has been mainly focused on the research and development of high - efficiency green smelting technologies of rare earth minerals. Some of studies introduced new technologies from other fields, such as ionic liquid technology and ionic imprinting technology into the separation and purification of rare earths, and good results were achieved.

2.3.5 Titanium metallurgy

At present, a relatively perfect industrial system in China has been formed in titanium, titanium alloy and it's processing, and China become one of main titanium producer in the world. In recent years, a set of fluidized bed chlorination production technology were introduced from abroad and removing vanadium by organic additions and computer - controlled production were performed. The independently developed technology of one - step removing vanadium by aluminum power is now under industrial trail. The reduction distillation process is close to world advanced level, and the "upside - shaped U type" 12t furnace is of the largest capacity of single furnace in the world, of which the production is conducted under computer control.

2.3.6 Zirconium and hafnium metallurgy

In recent years, zirconium and hafnium smelting technologies in China have made a breakthrough. The MIBK - ammonium sulfate (NH_4CNS) extraction separation technology of zirconium ànd hafnium, and other advanced technologies have been successfully developed.

2.3.7 Lithium, rubidium um and cesium metallurgy

There are following new technologies developed: magnesium and lithium separation from high magnesium - lithium ratio salt lake brine; production of lithium carbonate using acidification and washing liquids after boron extraction as raw materials (by independent research and development) ; concentration of lithium carbonate through steps of storing brine in winter - multi - frozen and evaporation in the sun - precipitation of lithium salt by temperature accumulation in the salt pan; enrichment and extraction of rubidium and cesium from tailing brine after lithium extraction; extraction of lithium from lithium - mica and preparation of a series of lithium salts (with independent intellectual property rights); preparation of lithium metal by thermal vacuum reduction in ton scale production ; purification of cesium metal and packaging device of cesium bulb.

2.3.8 Metallurgy of rare scattered metal

In recent years, the main advancements were as follows: good extraction results of gallium, indium and thallium were obtained in sulfuric acid system by extractant of P538 (single alkyl phosphonic acid) and thereafter these elements were separated from each other by selected stripping agents; new method was developed to determine the solution extraction equilibrium constant by means of the multinomial fitting method; the extraction thermodynamic behaviors of rhenium in hydrochloric acid and sulfuric acid systems were studied respectively and the standard extraction equilibrium constant of rhenium in the ion - association system was firstly determined, which laid a theoretical foundation for the industrial extraction and separation of molybdenum and rhenium; the dense - moving bed chelating resin adsorption method with a set of technique supports was developed and the gallium metal extraction was performed from mother liquor of Bayer seed precipitation, which was applied in large - scale industrial production; studies on extraction and separation technologies of indium, rhenium and germanium by the resin adsorption method were also made a new progress; In addition, vacuum metallurgical technologies of recovering germanium and indium from zinc distillation residue and recovering of selenium from copper anode slime were developed; for concentration of rare scattered metals during zinc hydrometallurgy, the indium enrichment technology of iron - vanadium slag of jarosite process was improved and the study on the separation technology of rare scattered metals before removing iron in goethite process was made a success; for extraction of germanium from germanium containing coal, the technologies of high temperature coal dry distillation followed by the germanium reduction volatilization and the bacterial leaching extraction technology of germanium were studied successfully.

2.4 Recent advancement of metallurgical engineering and technology discipline of precious metal

2.4.1 Gold and silver metallurgy

In the aspect of mineral processing technologies: usage of new high - efficiency equipments for mineral crushing, grinding, grading and gravity separation; research and application of advanced technologies of flash flotation, carrier transfer and bacterial oxidation flotation, and large - scale high - efficiency flotation devices, as well as usage of following combined technologies: gravity - floating, flotation - cyanidation, cyanidation - flotation and gravity separation(flotation)- carbonate leaching processes to significantly increase the comprehensive recycling efficiency of low - grade refractory resources.

In the aspect of gold extraction technologies from gold ore: development and application of the high - efficiency oxygen - rich leaching process (CILO) and the enhanced technology of multi - step pressure leaching cyanidation process with related equipments to realize large - scale heap leaching; research and application of gold extraction technologies from the leaching solution, such as, new type of resin ion method, acidification precipitation - neutralization method, membrane method, ion exchange method, etc.

In the aspect of technologies for utilization of refractory ore: the domestically developed BGRIMM - DN150 type fluidized roasting devices have been used in production; studies on new pollution - free technologies, such as, cycling fluidized roaster, flash roasting and oxygen (oxygen - rich) roasting etc. and microwave roasting new technique have also made a progress; some thermal pressure oxidation technologies, such as, alkaline thermal pressure oxidation - fast cyanidation in autoclave, thermal pressure catalysis oxidation pretreatment - cyanidation and thermal pressure oxidation pretreatment, etc. have been applied in domestic mines; biological and chemical oxidation processes for exploitation of refractory ore have been successfully applied with some innovative results.

In the aspect of the comprehensive recovery of gold and silver from metallurgical by-products: for copper anode mud, sulfating roasting - electrolysis process and pressure leaching - blowing smelting - electrolysis process were mainly applied; for lead anode slime, fire - smelting - oxidation refining - electrolysis, all hydrometallurgy and combined pyrometallurgy and hydrometallurgy processes were developed and applied to separate and recover gold, silver and other valuable metals more completely; but the treatment of high arsenic lead anode slime is still a difficult problem up to now.

For recovery of gold and silver from secondary resources hydrometallurgical process are mainly applied. In some case pyrometallurgical process is also used. The recycling technology has been upgraded constantly.

2.4.2 Metallurgy of platinum group metal

For platinum - rich ore in Jinchuan nickel mine the gravity - flotation process was applied, and Outokumpu technology was introduced and innovated. Researches on application of new flotation reagents and the cyclone static micro - bubble flotation column have been conducted to make production indexes reaching advanced levels in the world.

Jinchuan Company has conducted research and application of the full extraction technology, which greatly enhanced the separation capability of precious metals from base metals.

2.4.3 Refining of platinum group metal

The traditional precipitation - dissolution separation and purification process has been gradually replaced by the solvent extraction separation process.

3. Comparative study of the development of nonferrous metallurgical engineering and technology discipline between China and abroad

The nonferrous metallurgical engineering and technology in China has been of world advanced level in general. In some areas it is in the world lead, but in some other areas it still lags behind the world advanced level.

3.1 Metallurgy of light metal

3.1.1 The alumina production technology in China has reached the world advanced level as a whole. A set of technology and equipment system using diasporic bauxite as raw material to produce alumina has been established, which is unique and takes the lead in the world.

3.1.2 The aluminum electrometallurgical technology in China as a whole takes the world lead. It is the only country in the world using advanced pre - baked cell technology in the whole domestic aluminum industry. In the year 2012, all small pre - baked cells less than 160kA in China are expected to be phased out of production firstly in the world. The energy saving technology of aluminum electrolysis in China is leading in the world. In the year 2009, the integrated AC power consumption of aluminum electrolytic production in China reached 14,171kW · h / tons of aluminum on an average, which far exceeded the requirement set by International Aluminum Association to reach 14,600kW · h / tons by the year 2010.

However, in comparison with world advanced same trades there are still some deficiencies and gaps in Chinese aluminum electrolytic industry, such as, the designed cell current density, the current efficiency of electrolysis and the rectification efficiency of current transmission are still lower than those of the world advanced levels, the qualities of cell lining and anode and cathode materials are unstable, the auxiliary production facilities are not perfect, the recycling of aluminum is at low stage, etc.

3. 1. 3 In magnesium metallurgical engineering and technology, Pidgeon technology in China is of the world leading level, but the environmental protection and equipment automatization are still needed to be improved. The magnesium electrolytic technology as well as the exploitation and utilization of salt lake magnesium resources lag behind those of world advanced level, especially, the later.

3. 2 Heavy nonferrous metallurgy

3. 2. 1 The main copper metallurgical technology in China is of world advanced level, but its development is uneven in the whole country. There are following main problems. Firstly, some small and middle scale enterprises still use traditional techniques and equipments with shortcoming of high energy consumption and high pollution. Secondly, heap leaching technology in China still far lags behind that of the world advanced level. Thirdly, the advanced technology and equipment already put into production have still to be improved further. Finally, some problems are waiting to be resolved, such as, recycling and application of low concentration sulfur dioxide, further energy saving and reduction of energy consumption in the production, and so on.

3. 2. 2 Lead smelting technology in China has reached the world advanced level. Some part of techniques are even in the world lead.

3. 2. 3 Zinc smelting technology in China is of the world advanced level basically.

3. 2. 4 Smelting technologies of nickel, cobalt, tin, antimony, bismuth and others have reached the world advanced level, basically. The advanced and high - efficiency combined furnace for nickel smelting was independently developed in China being of the world leading level. Tin, antimony and bismuth industries possessed of resources advantage in China. Their production technologies have been in the world advanced level, constantly.

3.3 Metallurgy of rare metal

Almost all kinds of rare metal products can be provided in China, of which the productions rank at the top in the world. China is rich in the resources of following metals: tungsten, molybdenum, rare earths, titanium, indium, etc., of which smelting technologies are of world advanced or leading level. Metallurgical technologies of other rare metals, such as, silicon, lithium, rubidium, cesium, zirconium, hafnium, tantalum, niobium, gallium, etc., have also reached world advanced levels, basically.

3.4 Metallurgy of precious metal

The metallurgical technology of precious metal in China is at the same stage of world advanced level. Recovery technology of platinum group metal from Jinchuan mine has been continuously improved. Some unique technologies have been developed in China. Recently, the recycling and separation techniques in China as a whole have reached world advanced level.

3.5 Secondary recycling of nonferrous metals

Recycling technologies of highly dispersed rare metal and precious metal from used electrical components have been made a breakthrough. The recycling amount has been increased more and more. The recycling technologies of secondary metals in China as a whole still lag behind the world advanced level to some extent.

4. Prospects and trends of future development of nonferrous metallurgical engineering and technology discipline in China

The"twelfth five year project" of non-ferrous metallurgical engineering and technology discipline put emphasis on the following aspects:

Metallurgy of light metal: study on the new low-cost high-efficiency technology to produce alumina by low - grade bauxite and adjustment of alumina industrial and product structures by improvement of its technology; promotion of wide application of new high - efficiency and energy - saving aluminum electrolytic technologies, such as, shaped cathode and drained cell, etc. and study in depth on new types of anode structure and energy - saving cell of aluminum electrolysis; further study on comprehensive recycling of red mud and cell solid waste and their pollution - free disposal; further study on new technique, technology and equipments of energy - saving green magnesium smelting, and by every efforts to widen the magnesium application by breakthrough some key obstructs.

Heavy nonferrous metallurgy: promotion of wide application of already developed bottom - blown and other new high - efficiency and energy - saving green technologies, enhancement of study on short route new technology, further widened application of and research on pollution - free treatment and comprehensive utilization of waste water and slag of heavy nonferrous metal smelting, study in depth on the technology of recycling and usage of low concentration sulfur dioxide, further research and development of heavy nonferrous metal products and their applications.

Metallurgy of rare metal and precious metal: further study in depth on comprehensive recycling technologies of low - grade refractory complex ores, study on new high - efficiency, energy - saving green metallurgical techniques, technologies and equipments, study on new techniques and products of rare metal and precious metal applied in high - technical area, as well as research and development of new recycling and application techniques and technologies of secondary resources.

Nowadays, the non - ferrous metallurgy of main metal products has already reached the world advanced level basically. For further progress, it is necessary to conduct more in - depth and hard technical innovation to exceed the world advanced level and reach a new leading stage.

Written by Niu Yinjian Zhang Hongguo

Reports on Special Topics

Advances in Heavy Nonferrous Metal

The heavy non-ferrous metal smelting technologies of China have reached or approached to world advanced levels, recently. This report describes its achievements, comparative study and future developing targets, mainly focusing on the metals which are possessed of high production, wide applications and rich resources in China.

1. Copper metallurgy

The copper smelting technology in China has reached the world advanced level. The independently researched and developed copper bottom-blown smelting technology is a Chinese original technology. In the beginning of this century, the flash smelting technology and flash blowing smelting technology were successively induced, and after innovation the flash blowing autogenous smelting was performed.

Three types of blowing from side, top and bottom are used in oxygen-rich bath smelting.

Hydrometallurgical technology of copper has approached to the world advanced level, such as, the leaching-extraction-electrodepositing technique for treatment of copper oxide and copper sulfide ores and the wet extraction technique of copper from copper-gold concentrate and copper-cobalt ore, etc.

Both the staring sheet and permanent cathode techniques are applied in copper electrolytic refining.

There are still some shorts in China, such as, in aspects of wet smelting technique, especially, the leaching technique (heap leaching, bacterial leaching, etc.) and its industrialization production scale, and recovery technique of copper secondary resources, of which recycling and application levels are low.

2. Nickel and cobalt metallurgy

The mineral processing and smelting technologies in China have reached and even exceeded world advanced levels. The combined flash smelting furnace for nickel smelting was independently developed firstly in the world. The world largest Ausmelt oxygen top - blown bath smelting furnace was set up and put into production. The nickel sulfide electrolytic system has been improved. The pressure leaching process of high nickel matter is of the following route: two - stage closed - circuit ball milling - atmospheric sulfuric acid leaching - two - stage pressure sulfuric acid leaching - evaporated crystallization to produce refined nickel sulfate.

The separation and extraction techniques of high nickel matte refining to recovery nickel, cobalt, precious metals and other impurity metals, as well as the cobalt recovery technology from copper - nickel sulfide concentrate and imported nickel oxide ore (laterite) have reached world advanced levels. But the comprehensive recycling technology of nickel oxide (laterite) in China still lags behind that of world advanced level.

Blast furnace and electric furnace processes are mainly used for nickel - iron smelting.

There are following three main types of nickel hydrometallurgical processes applied: pressure acid leaching, atmospheric acid leaching and heap leaching.

3. Lead Metallurgy

The independently developed lead smelting process of oxygen bottom blown smelting - blast furnace reduction has been widely applied in China. The lead smelting technology of ISA smelting – blast furnace reduction process has been successfully developed, which is the combination of foreign patented and domestic technologies. Since the development of new short – flowsheet direct reduction processes of liquid lead slag using the side – blown furnace or the bottom – blown furnace, the lead smelting technology in China has been possessed of the world leading level.

4. Zinc metallurgy

Hydrometallurgy is the main process of zinc smelting in China. The standard flowsheet is as follows: zinc concentrate roasting → leaching → solution purification → electrodeposition → electrolytic zinc product. Its equipments and automation in China are of world advanced level.

The treatment technology of refractory zinc oxide ore has made a breakthrough in recent years. The oxygen pressure leaching technology introduced from abroad and independently developed has reached the world advanced level and been applied in many enterprises in China.

The direct leaching process of low – grade zinc oxide ore made a breakthrough and the combined leaching process of zinc sulfide concentrate and zinc oxide ore was invented in China. But there are some shorts at oxygen pressure leaching and atmospheric leaching technologies which were developed lately.

5. Tin, antimony and bismuth metallurgy

The smelting technologies of these three metals in China take the world lead . .

Yunnan Tin Company introduced Ausmelt furnace for tin smelting and made some innovation of its technology. In combination of this technology with originally adopted unique fuming furnace technology, a new tin smelting process was invented.

The antimony smelting technology of China is unique in the world. Recently,

Tin Mine Company, Chenzhou Mining Company and Huaxi Group Company have successfully researched and applied new antimony smelting processes, respectively.

As to the bismuth smelting technology, the wet smelting process with slurry electrolysis process as its core was developed and the traditional flue gas treatment of pyrometallurgical process was phased out. Recently, the research on the low - temperature alkaline smelting process of bismuth concentrate has been made a rather big progress.

Finally, for research and development of key technologies to resolve the constraint effects of resources, energy and environmental the future developing targets of heavy non - ferrous metallurgical engineering and technology discipline in China are described from five aspects in this paper.

Written by Huang Qixing, Wang Jianming,
Wang Zhongshi, Xu Qingxin, Lu Yeda

Advances in Light Metal

1. Main achievements of alumina metallurgy

According to the characteristics of bauxite in China, a series of new alumina preparation technologies have been developed including beneficiation—Bayer process, lime Bayer process and series wet treatment process.

A new energy - saving technology has been developed. Based on the calculation of the theoretical energy consumption in the alumina production, the energy flow diagram of the system has been established and some new technologies have been developed, such as, double pipe preheating, digestion in staying tank , high temperature double stream process, etc.

The process efficiency has been effectively improved by means of the following methods: reducing molecular ratio of precipitation primary liquor, increasing soda concentrations of cycling mother liquor and seed precipitation primary liquor, etc.

Various kinds of chemical additions and new types of flocculants used in red mud settling and dilution processes have been developed. Crystallization agents in seed precipitation system of Bayer process, dehydrants in alumina trihydrate filtration and antiscales in mother liquor evaporators have been used, respectively.

Improved Bayer process suitable to China situation has been developed and sandy alumina produced.

2. Great advancements in aluminum electrolysis

Simulation technology of physical field in aluminum cell has been successfully applied to aluminum cell design and process optimization.

The design technique of Large - scale prebake aluminum cell has been developed. Shaped cathode, drained and "hot" aluminum cells have been utilized to increase the anode current density and improve the flue gas purification efficiency. In the mean time, automation and information technologies as well as the full current control system of the potline have been adopted.

3. Main achievements of magnesium metallurgy

Gas energy has been applied to the Pidgeon process. The remaining heat of calcination, and the shaft furnace with gas heating control and rotary kiln with preheater and cooler have been used. Diaphragmless magnesium electrolyzer has been adopted. The innovatory double - electrode technology and dehydration electrolysis technology have been developed .

New magnesium alloys including high - strength heat - resistant wrought alloys, heat - resistant die - casting alloys, and high strength and high toughness die - casting alloys as well as new technologies, such as, the magnesium alloy continuous casting - rolling technology, preparation of large magnesium alloy ingot, large thin - walled hollow profile extrusion have been researched and developed. In addition, vacuum die casting, metal die casting with high yield sand core and a full set of micro - arc electrophoresis technology have also been developed.

Additionally, the report also describes a comparative study of metallurgical engineering and technology discipline of light metal between China and abroad and its future developing prospect and strategy in China.

Written by Gu Songqing, Li Jie, Han Wei, Meng Shukun

Advances in Rare Metal

At present, the metallurgical engineering and technology discipline of rare metal in China has basically reached world advanced level, but the applied technology has to be improved. In this paper attention is paid to main kinds of rare metal, which is of wide applications and prospective future.

The advancement of tungsten metallurgy is as follows: development and application of new alkaline leaching and high concentration ion exchange technologies and alkaline recovery technology; usage of new technical route of in - situ generating ligand adsorbent to high efficiently remove tin from leaching solution of high tin containing ore; utilization of "purple tungsten in - situ reduction method " to control grain size and shape of tungsten powder and prepare nano - tungsten powder.

The advancement of molybdenum metallurgy is as follows: application of large - scale multiple - hearth roaster to produce industrial molybdenum oxide from molybdenum concentration; a world advanced production line set up to produce ammonium di - molybdate; introduction and continuous innovation of the world advanced automation production line for molybdenum reduction; a series of products with various kinds of specifications provided, such as, ultra

– coarse, coarse, medium and fine – grained molybdenum powders, and also that of purity up to 99.99% in batch production.

The advancement of tantalum and niobium metallurgy is as follows:

1. Hydrometallurgy: application of new equipments, such as, Raymond grinder, steel roller plastic decomposition tank, etc.; successful development of the following technologies: continuous slurry extraction process; fluoridation decomposition and fractional extraction process; online analysis and computer monitoring technique; new continuous spray precipitation technology and comprehensive utilization technology of refractory low – grade ore.

2. Pyrometallurgy of tantalum metal: successful development of the two – way controllable liquid – liquid stirring sodium reduction process, and invention of the intermittent sodium injection specific technique and new pelletizing granulation technique.

Pyrometallurgy of niobium metal: continuous improvement of the newly developed aluminothermic reduction process and development of new equipments, such as, horizontal vacuum furnace, vacuum arc furnace, high – power vacuum electron beam melting furnace, full plastic pickling and washing tanks and large – scale stainless steel stirring washing tanks, etc..

In recent years, through introduction, digestion and innovation of key technical equipments and product quality testing techniques abroad, the manufacturing technology of wrought product and its quality and variety of tantalum, niobium and its alloys have made a significant progress in China.

In titanium metallurgy through introduction, digestion and absorption of foreign advanced technology, the Kroll titanium smelting technique and its corresponding processes have made a new progress, and also the research of a new titanium smelting process has achieved a big step forward in China.

The research and development of key zirconium and hafnium smelting technology and its industrialization engineering study have made an important breakthrough. Through independent efforts, a number of researches have been successfully conducted including new MIBK - NH_4CNS - HCl system, new extraction separation flowsheet of zirconium and hafnium, new tributyl phosphate (TBP) - resin extraction separation technology, new fluidized bed chlorination technology of $ZrCl_4$ production, technique and equipment of double striking magnesium reduction method.

Based on the research of the metallurgical theory of lithium, rubidium and cesium in - depth, the metallurgical engineering and technology discipline of lithium, rubidium and cesium has achieved a new progress. In the aspect of the Lithium recovery from Lithium Salt Lake, the high Mg - Li ratio separation technology has been research and developed successfully. The lithium carbonate production technology, extraction of lithium from lithium - mica and new technologies for preparation of a series of lithium salts have been independently developed. In addition the test for thermal vacuum reduction in ton scale production has been successfully conducted. In the aspect of rubidium and cesium extraction, a set of cesium metal purification equipments and packaging device of cesium bulb have been set up.

In scattered metal metallurgy, resin adsorption and solvent extraction separation processes have been mainly applied to recover scattered metal in China. A number of new type of extractants for germanium and gallium extraction have been successfully developed, and the overall technology has reached the world advanced level. In addition, the research of scattered metal vacuum metallurgy has also made important achievements. Some new technologies have been developed, such as, " high - efficiency green metallurgical technology for indium extraction from indium containing crude zinc ", " selenium recovery from copper anode slime ", " concentration of scattered metal during zinc hydrometallurgy "," indium enrichment of iron - vanadium slag of jarosite process ", " bacterial leaching extraction of germanium ", etc.

The rare earth mineral smelting and separation technologies of China are possessed of the world leading level: 1) Extraction of Baotou rare earth ore uses third – generation patented sulfuric acid process; 2) Almost all treatment of Sichuan bastnaesite uses oxidization roasting – hydrochloric acid leaching process; 3) Treatment of ion – type rare earth ore mainly uses heap leaching and in – situ leaching processes. In the aspect of rare earth smelting, the new "high – efficiency green smelting technology of rare – earth mineral" has been researched and developed successfully. For the purification of rare earth metal, large – scale high – temperature high – vacuum distillation furnace and layered distillation technology have been independently researched and developed. Its single – furnace refining capacity up to 20kg and purification of 14 kinds of rare earth metal can be obtained.

Additionally, the report also describes a comparative study of metallurgical engineering and technology discipline of rare metal between China and abroad and its future developing prospect and strategy in China.

Written by Huang Xiaowei, Zhang Yongqi, Pang Siming, et al

Advances in Precious Metal

Precious metal is a general term including a total of eight metals: gold, silver and platinum group metal (platinum, palladium, rhodium, ruthenium, iridium and osmium). It features small industrial reserves, low grade ore, difficulty of extraction, unique natures, wide applications, less market supply and expensive prices. Among them, gold has served as a symbol of wealth, still playing an important role in value preservation up to now, and platinum group metal is named as "modern industrial vitamin", "the first high – tech metal" and "one of the key materials for sustainable development of human society".

In year 2007, the gold production of China exceeded over that of South Africa, keeping the highest in the world for four consecutive years up to now. In the year 2010, the mineral gold annual production reached to 341t and silver annual production (including secondary recycling one) 11,617t. The mineral platinum group metal is mainly provided by the Jinchuan Company (accounting for about 97% production of the whole country) with its annual production of about 2.5t and 2.2t in years 2009 and 2010, respectively. Entering 21st century, China has become one of the top consumers of precious metal in the world. Recycling of precious metal from secondary resources has also made a rapid development and the recycling amount is expanding, incessantly.

In recent years, the metallurgical engineering and technology of precious metal has made a rather rapid development through the introduction of foreign advanced technology and enhanced independent research and innovation. The overall smelting technology has basically reached the world advanced level shown as follows: 1) Main mineral processing and smelting technologies of gold ore (gold concentrate) in the world have been completely mastered. Its localization and engineering in China have been performed. Among them the bio-oxidation extraction of gold has reached the world advanced level. 2) Minerals of platinum group metal rely mainly on Jinchuan mine. Through thirty years of technological efforts, the overall comprehensive utilization technology of the resources has reached the world advanced level. Since the late 20th century, the research and development of low-grade platinum and palladium mine in Jinbaoshan of Yunnan province has made a significant progress. 3) Recycling of secondary resources of precious metal has achieved a great step forward. Various new techniques have been basically managed, of which some innovation have been made. Moreover, techniques applied in some manufacturers have been close to the world advanced level.

As the shortage of domestic mineral resources of precious metal (especially platinum-group metal) and the stringent requirement of environmental protection, more severe challenges will be faced in the future sustainable development. At present the majority of gold and silver smelting and secondary resources recycling enterprises are on a rather small production scale and lack of a reasonable division and co-ordination among them. Thus, although a few enterprises are possessed of techniques at rather high level and even at the world advanced level, due to poor economic and technical strengths most of small and medium scale enterprises and individual producers of secondary resource recycling are at a rather low technical level with serious environmental pollution. In comparison with developed countries and large scale enterprises abroad, there is still a big technical gap in China, especially, much lacking of creative technique.

The future developing targets of metallurgical engineering and technology of precious metal are as follows: increasing direct recovery and real recovery yields; improving equipments and technologies to increase productivity, decrease production cost and reduce environmental pollution and ecological effect; based on the existing advanced technology, further promoting research and development of comprehensive utilization technology of resources, conscientiously; through reasonable division, enhanced industrialization and enlargement of production scale, establishing a number of metallurgical enterprises of precious metal with advanced technologies and on rather large production scale, as soon as possible, to meet the domestic market demands and further increase international market competitiveness.

Additionally, the report also describes a comparative study of metallurgical engineering and technology discipline of precious metal between China and abroad and its future developing prospect and strategy in China.

Written by Wang Yonglu